掌控习惯

如何养成好习惯并戒除坏习惯

ATOMIC HABITS

James Clear

[美] 詹姆斯·克利尔 / 著

迩东晨 / 译

图书在版编目（CIP）数据

掌控习惯：如何养成好习惯并戒除坏习惯 /（美）詹姆斯·克利尔著；迩东晨译 . -- 北京：北京联合出版公司 , 2023.11（2025.7重印）

ISBN 978-7-5596-7234-6

Ⅰ.①掌… Ⅱ.①詹… ②迩… Ⅲ.①习惯性—能力培养—通俗读物 Ⅳ.① B842.6-49

中国国家版本馆 CIP 数据核字 (2023) 第 176457 号

Copyright ©2018 by James Clear
All rights reserved including the right of reproduction in whole or in part in any form.
This edition published by arrangement with Avery, an imprint of Penguin Publishing Group, a division of Penguin Random House LLC

掌控习惯：如何养成好习惯并戒除坏习惯

作　　者：[美]詹姆斯·克利尔
译　　者：迩东晨
出 品 人：赵红仕
出版监制：刘　凯　赵鑫玮
责任编辑：周　杨
选题策划：玉兔文化
特约策划：张应娜
特约编辑：高继书　姬　巍
封面设计：崔浩原

北京联合出版公司出版
(北京市西城区德外大街83号楼9层　100088)
北京联合天畅文化传播公司发行
北京美图印务有限公司印刷　新华书店经销
字数210千字　880毫米×1230毫米　1/32　9印张
2023年11月第1版　2025年7月第9次印刷
ISBN 978-7-5596-7234-6
定价：58.00元

版权所有，侵权必究
未经书面许可，不得以任何方式转载、复制、翻印本书部分或全部内容
本书若有任何质量问题，请与本社图书销售中心联系调换。
电话：010-64258472-800

前言

我的故事

高二的最后一天，我被棒球棒击中面部。我的同学击球时用力过猛，棒球棒脱手，冲着我飞了过来，直接击中我的两眼之间，我甚至不记得自己是哪一刻被击中的。

棒球棒砸中我时，直接把我的鼻子砸成了扭曲的"U"形。巨大的冲击力导致我的大脑软组织冲撞到颅骨上。我的大脑内部顿时肿胀起来。就在一刹那，我的鼻子骨折了，颅骨多处骨折，眼眶也碎了。

当我睁开眼睛时，我看到人们盯着我，还看到有人跑过来帮忙。我低头一看，发现衣服上有红色的血迹。一个同学脱下他的衬衫递给我，让我用它堵住血流如注的鼻子。我当时只感到震惊和迷惘，并不知道自己受伤有多严重。

我的老师搂着我的肩膀，陪着我一起走向医务室，这段路可真够长的：穿过田野，走下山坡，终于回到了学校。一路上，接连不断地有人过来扶我，防止我摔倒。我们不急不慌，慢慢朝前走，没有人意识到此时此刻的每一分钟都性命攸关。

我们到医务室后，里面的护士问了我一连串问题。

"今年是哪一年？"

"1998年。"我答道。实际上是2002年。

"美国总统是谁？"

"比尔·克林顿。"我说。正确答案是乔治·沃克·布什。

"你母亲叫什么？"

"啊，嗯……"我卡住了。10秒钟过去了。

"帕蒂。"我漫不经心地说，全然忘记了自己花了10秒钟才想起母亲的名字。

这是我记得的最后一个问题。我的大脑迅速肿胀起来，身体再也支撑不下去了，在救护车到来之前，我便失去了知觉。几分钟后，我被抬出学校，送往当地医院。

刚到医院不久，我身体各部分的功能开始衰竭了，只能勉强维持一些基本功能，如吞咽和呼吸。当天首次癫痫发作，随后我完全停止了呼吸。在医生忙着给我输氧的同时，他们认定当地医院缺乏相应的设备来处理我的状况，于是叫了急救直升机把我送到辛辛那提一家更大的医院。

我被推出急诊室，奔向街对面的直升机停机坪。担架车在崎岖不平的人行道上嘎嘎作响，一个护士推着我，另一个护士给我手动输氧。我的母亲在几分钟前才赶到医院，她爬上直升机，守护在我身边。在整段航程中，我始终昏迷不醒，无法自主呼吸，我的母亲一直握着我的手。

当我和母亲一起乘坐直升机时，我父亲回家去照看我的弟弟和妹妹，并把这个消息告诉了他们。他强忍着眼泪向我妹妹解释说，他无法参加那天晚上举办的她的初中毕业典礼了。他把我的弟弟妹妹托付给亲友后，就开车去辛辛那提与我母亲会合。

当我和母亲乘坐的直升机降落在医院的楼顶上时，一支由近二十名医生和护士组成的团队迅速冲上直升机停机坪，紧接着，他们把我推进了创伤病房。当时，我的大脑已经严重肿胀，并导致我多次外伤性癫痫发作。我的骨折需要修复，但我的身体状况不允许我立即接受手术。在又一次（当天第三次）癫痫发作后我陷入了药物诱导性昏迷，并用上了呼吸机。

我父母对这家医院并不陌生。十年前，他们就曾来过这栋楼的一层——当时年仅3岁的妹妹被诊断出患有白血病。那时我5岁，我弟弟只有6个月大。经过两年半的化疗、脊椎穿刺和骨髓活检后，我的妹妹终于从医院里走了出来，开心、健康，癌症也消失了。如今，在过了十年的正常生活之后，我的父母再次踏入了同一个地方，只不过这次是为了另一个孩子。

在我陷入昏迷期间，医院派了一名牧师和一名社工来安慰我的父母。十年前我父母发现我妹妹患了癌症的那天晚上，被派来安慰他们的正是这名牧师。

白天过去了，夜晚降临，我就靠着各式各样的设备存活着。我父母躺在医院提供的床垫上，睡得很不踏实——刚刚困得不行打了个盹儿，一下子又会惊醒，忧心如焚，想睡都睡不着。我母亲事后对我说："那天晚上是我这辈子最难熬的一晚。"

我的康复过程

幸运的是，到第二天早上，我的呼吸情况有所好转，医生们认为可以宣布我脱离昏迷状态了。当我终于恢复知觉时，发现自己没有了嗅觉。一名护士给我做测试，她让我先擤鼻涕，然后闻苹果汁盒。紧接着，我的嗅觉倒是恢复了，但让每个人都感到惊讶的是，擤鼻涕的动作迫使空气穿过我眼眶的裂缝，并将我的左眼向外推出。我的眼球从眼眶里凸出来，仅靠我的眼皮和连接眼球与大脑的视神经勉强固定住。

眼科医生说，随着内部空气渗出，我的眼睛会逐渐滑回原位，但很难说这需要多长时间。我的手术时间安排在一周后，这将让我有更多的时间来康复。术后，我还是鼻青脸肿的，看着像是在拳击赛里惨败的一方，但医生认为我已经可以出院了。我带着破损的鼻子、六处面部骨折和凸在外面的左眼回了家。

接下来的几个月过得很艰难，我感觉生命中的一切都停顿了。几个星期以来，我眼里一直有重影——准确地说，我无法直视。就这样过了一个多月，我的眼球总算回归到了正常位置。除了视力上的问题，我还经受着癫痫发作的困扰，直到八个月以后，我才能再次开车上路。在物理治疗期间，我练习了基本的运动模式，比如直线行走。我暗下决心，不能因为受伤而垮掉。尽管如此，我还是时常会感到沮丧和不知所措。

一年后重返棒球场时，我不无痛苦地认识到未来我还有很长的路要走。一直以来，棒球都是我生活中的一项重要内容。我父亲曾在圣路易斯红雀队效力，打过美国职棒小联盟的比赛。我也心怀参加职业大赛的梦想。经过几个月的康复，我最想做的就是回到棒球场上。

但是我重返棒球生涯的过程并不顺利。当赛季开始时，我是唯一一个被校棒球队除名的高三学生。我被派到二队去跟高二学生一起打球。我从4岁起就一直在打球，对于一个在这项运动上花了这么多时间和精力的人来说，被除名无异于奇耻大辱。直到今天，事发当天的情景仍历历在目。我坐在车里，边哭边在收音机上胡乱选台，拼命寻找一首能让我心情变好的歌。

在迷茫彷徨了一年之后，我终于作为高四学生成功进入了校队，但我上场的机会很少。总的来说，我在高中校队棒球比赛中只打了11局，勉强凑成一场比赛。

尽管我的高中生涯乏善可陈，但我仍然相信自己会成为一名伟大的运动员。而且我深知，如果想要扭转乾坤，我负有当仁不让的责任。这一转折发生在我受伤两年后，当时我刚考入丹尼森大学。这是一个新的开端，正是在这里，我初次发现蕴含在小习惯中的惊人力量。

我是如何了解习惯的

去丹尼森大学读书是我一生中做出的英明决策之一。我在棒球队中赢得了一席之地。虽然作为一名新生，我位居名单的末尾，但这足以令我欣喜若狂了。尽管我的高中时代混乱不堪，但我还是设法成为一名大学生运动员。

我不会立刻进入棒球队，所以，当务之急是安排好我的生活。当同龄人熬夜玩电子游戏时，我养成了良好的睡眠习惯，每天晚上早早上床睡觉。在大学宿舍这个凌乱不堪的世界里，我努力保持自己的房间干净整洁。这些改进虽然不起眼，但给了我一种掌控自己生活的感觉。我又恢复了自信心。自信心的恢复也促进了我的学习，我改善了自己的学习习惯，并在第一年获得了优异的成绩。

习惯是一种固定程序或定期实施的行为,且在许多情况下,是自动执行的。随着每一个学期的流逝,我积累起一些微小但坚持不懈的习惯,这些习惯最终导致的结果是我在开始时无法想象的。例如,我平生第一次养成了每周举重几次的习惯,在接下来的年月里,我以6英尺4英寸①的身架从弱不禁风的170磅②体重增加到了200磅。

当大二赛季到来时,我赢得了投手的首发位置。在大三的时候,我被选为队长,在赛季结束时,我被选为全联会团队的成员。但是直到进入大四,我的睡眠习惯、学习习惯和力量训练习惯才真正开始见效。

六年前,我被棒球棒击中面部,被急救直升机送往医院,然后通过"诱导昏迷疗法"加以治疗,可如今,我被选为丹尼森大学的顶尖男运动员,并入选"娱乐与体育节目电视网"(ESPN)学术全美队,全国仅有33名运动员获此殊荣。毕业的时候,我在学校成绩记录簿中被记入八个不同类别的荣誉榜。同年,我获得了该大学的最高学术荣誉——校长奖章。

如果这些听起来有些自卖自夸,我希望你能原谅我。老实说,我的运动生涯并无任何传奇色彩或历史意义。我始终没能成为职业运动员。然而,回顾那几年,我认为自己取得了同样惊人的成就:我最大限度地发挥了自身的潜力。我相信本书述及的概念也能帮助你做到这一点。

生活中的挑战无处不在。这次受伤是我经受的挑战之一,这

---

① 6英尺4英寸≈193厘米。
② 1磅≈0.45千克。

一经历给了我一个重要的经验：只要你愿意坚持下去，起初看似微小和不起眼的变化会随着岁月的积累，复合成显著的结果。我们都要面对挫折，但从长远来看，我们的生活品质往往取决于我们保持的习惯的质量。[1]种什么因，结什么果，你有什么样的习惯，就会享有什么样的结果。但是只要养成了更好的习惯，则凡事皆有可能。

也许的确有人能在一夜之间取得惊人的成功。我不认识他们中的任何一个，我也不是他们中的一员。在我从医学诱导的昏迷状态到入选学术全美队的过程中，并不存在唯一的决定性时刻，而是有很多这样的时刻。这是一个渐进的演变，由一系列的小胜利和微小突破串联而成。我取得进步的唯一途径——我唯一的选择——是从小事做起。几年后，当我开始自己的生意并开始写这本书时，我也采用了同样的策略。

本书的写作起因

2012 年 11 月，我开始在我的主页 jamesclear.com 上发表文章。多年以来，我一直在记录自己针对习惯所做的实验，并最终公开分享部分内容。我开始于每周一和周四分别发表一篇新文章。这种简单的写作习惯保持了数月之后，订阅我的主页的电子邮件用户破千，到 2013 年底，这个数字增长到了 3 万多。

2014 年，我的电子邮件订阅用户数量增长到了 10 万以上，这使得它成为互联网上订阅用户数量增长较快的通信类账号之一。当我在两年前开始写作时，我觉得自己写的东西很不着调，但现在我成为关于习惯的专家——这一名号让我兴奋不已的同时，也让我感到忐忑不安。我从来没觉得自己是涉及这个主题的大师，只不过是一个和我的读者一起做实验的普通人。

2015年，我拥有了20万电子邮件订阅用户，并与企鹅书屋签署了出版协议，着手写下你现在正在读的这本书。随着关注我的用户数量日益增长，我也享有了越来越多的商业机会。众多顶级公司纷纷邀请我去办讲座，涉及内容包括习惯形成、行为改变和持续改进的科学。我还不时会在美国和欧洲举办的大会上发表主题演讲。

2016年，《时代周刊》《企业家》和《福布斯》等主流刊物开始定期刊载我的文章。难以置信的是，当年，我的文章的阅读量达到800多万人次。"美国国家橄榄球联盟"（NFL）、"美国篮球职业联赛"（NBA）和"美国职业棒球大联盟"（MLB）的教练开始阅读我的作品，并分享给他们的团队成员。

2017年初，我创办了习惯学院。该学院后来成为许多渴望培养良好生活和工作习惯的组织和个人的首选培训平台。[1] 财富500强公司和成长中的初创企业开始选派他们的领导人和普通员工来这里参加培训。共有1万多名领导人、经理、教练和老师从习惯学院毕业，而我也在与他们的合作中受益匪浅，学到了很多如何让习惯在现实世界中发挥作用的知识。

就在我2018年对本书做最终润色期间，我的主页jamesclear.com每月访问量达到了数百万，近50万人订阅了我的每周电子邮件通信，这个数字远远超出了我当初的预期，我甚至不知道该如何看待这个现象。

---

[1] 感兴趣的读者可以在habitsacademy.com上了解更多。

这本书对你有什么好处

企业家和投资者纳瓦尔·拉维坎特（Naval Ravikant）曾说过："要想写出一本伟大的书，你必须首先成为这本书。"[2] 我最初认识到这一想法是因为我不得不亲身体验它。我不得不依靠一些微小的习惯帮助自己从创伤中康复，在健身房里变得更强壮，在球场上实现高水准的发挥，成长为一名作家，创立一家成功的企业，以及使自己至少能够自食其力，承担一个成年人应承担的责任。小习惯帮助我发挥了自己的潜力，既然你拿起了这本书，我猜你也想发挥出自己的潜力。

在接下来的几页中，我将分享一个循序渐进地培养良好习惯的计划——不是只持续几天或几周，而是保持一辈子。虽然我所写的一切都具备科学依据，但这本书并非学术研究论文，相反它是一本操作手册。以简单实用的方式创立和改变习惯是一门科学，你会从我对它的解读中，发现其间蕴含的深刻哲理和实用忠告。

我所借鉴的生物学、神经科学、哲学、心理学等学科均已存在多年了。我在此奉献给大家的内容综合了各方由来已久的真知灼见，以及科学家们最新公布的重大发现。我在此能做出的贡献就是甄选出最重要的想法，并以高度可操作的方式将它们联系起来。你在以下篇幅中读到的任何睿智之语都应该归功于令我自愧不如的众多专家学者，而当你面对任何愚蠢的内容时，则可假定那纯属我的纰漏。

本书的核心内容是我有关培养习惯的四步模型——提示、渴求、反应和奖励，以及从这些步骤中演化出来的"行为转变四大定律"。有心理学背景的读者可能会从操作性条件反射^①中认出其中的一些术语,也就是 B. F. 斯金纳(B. F. Skinner)在 20 世纪 30 年代提出的"刺激、反应、奖励"³,并经查尔斯·都希格(Chairles Duhigg)在《习惯的力量》一书中以"提示、惯常、奖励"⁴的最新表述而发扬光大。

像斯金纳这样的行为科学家意识到,如果你提供恰如其分的奖励或惩罚,就可以让人们以某种特定方式行动。但是,尽管斯金纳的模型很好地解释了外部刺激是如何影响我们的习惯的,它却并没有解释清楚我们的思想、感情和信念是怎样影响我们的行为的。我们的内在状态,如情绪和情感,也很重要。在近几十年来,科学家们已经开始确定我们的思想、感情与行为之间的关联。这项研究的情况也会体现在以下篇幅之中。

总的来说,我提供的框架是认知科学和行为科学的一体化模型。我相信,它是较早用来准确地解释外部刺激和内在情绪如何同时影响我们习惯的人类行为模型之一。虽然有些表述似曾相识,但我相信其中的细节,以及"行为转变四大定律"的应用,将为探究你的习惯提供一个全新的视角。

人类的行为无时无刻不在发生变化:随场景而变,随时机而

---

① Operant Conditioning:斯金纳新行为主义学习理论的核心概念。斯金纳把行为分成两类:(1)应答性行为,即由已知的刺激引起的反应;(2)操作性行为,即有机体自身做出的反应,与任何已知刺激物无关。斯金纳把条件反射也分为与上述两类行为相应的两类。与应答性行为相应的是应答性反射,即 S(Simulation,刺激)型条件反射;与操作性行为相应的是操作性反射,即 R(Reaction,反应)型条件反射。S 型条件反射是强化与刺激直接关联,R 型条件反射是强化与反应直接关联。斯金纳认为,人类行为主要是由操作性反射构成的操作性行为,它是作用于环境而产生结果的行为。在学习情境中,操作性行为更有代表性。斯金纳很重视 R 型条件反射,因为这种反射可以塑造新行为,在学习过程中尤为重要。——译者注

变，瞬息万变。但是这本书关注的是不变，它探讨的是人类行为的基本原理，也是年复一年你可以放心依赖的持久原则。你可以借助于这些原则成家立业、打造人生。

世上并不是只有一条培养良好习惯的正确途径，但是本书描述了我所知道的最佳途径——不论你从哪里开始，或者你试图改变的是什么，它都十分适用。我所介绍的策略适用于寻求循序渐进体系的任何人，无论你的目标是健康、金钱、生产力、人际关系，还是上述所有方面，只要涉及人类行为，这本书就是你的指南。

目 录

基本原理

点滴变化何以意义重大

第1章　微习惯的惊人力量　　　　　　　　　　　003
第2章　你的习惯如何塑造你的身份（反之亦然）　019
第3章　培养良好习惯的四步法　　　　　　　　　032

第一定律

让它显而易见

第4章　看着不对劲的那个人　　　　　　　　　　047
第5章　培养新习惯的最佳方式　　　　　　　　　056
第6章　原动力被高估，环境往往更重要　　　　　067
第7章　自我控制的秘密　　　　　　　　　　　　077

第二定律

让它有吸引力

第 8 章　怎样使习惯不可抗拒　　　　　　　　　　085
第 9 章　在习惯形成中亲友所起的作用　　　　　　096
第 10 章　如何找到并消除你坏习惯的根源　　　　　106

第三定律

让它简便易行

第 11 章　慢步前行，但决不后退　　　　　　　　　119
第 12 章　最省力法则　　　　　　　　　　　　　　125
第 13 章　怎样利用两分钟规则停止拖延　　　　　　135
第 14 章　怎样让好习惯不可避免，坏习惯难以养成　143

第四定律

让它令人愉悦

第 15 章　行为转变的基本准则　　　　　　　　　　155
第 16 章　怎样天天保持好习惯　　　　　　　　　　166
第 17 章　问责伙伴何以能改变一切　　　　　　　　176

高阶战术

怎样从单纯优秀发展到真正卓越

第18章　揭秘天才（基因什么时候重要，什么时候不重要）　　187

第19章　金发女孩准则：如何在生活和工作中保持充沛动力　　198

第20章　培养好习惯的负面影响　　206

结语　获得持久成果的秘诀　　216

附　录

接下来你该读什么　　221

从四大定律中吸取的教训　　222

怎样将这些想法应用于商业　　228

怎样将这些想法应用于养育子女　　229

鸣　谢　　230

注　释　　233

基 本 原 理

点 滴 变 化 何 以 意 义 重 大

第 1 章

微习惯的惊人力量

2003年的某天，英国自行车运动协会的命运发生了重大变化。该协会是英国职业自行车运动的管理机构，它最近聘请了戴夫·布雷斯福德（Dave Brailsford）担任其新的绩效总监。在他受命之时，英国职业自行车手已经碌碌无为了近百年。自1908年之后，英国车手在奥运会上仅获得过一枚金牌。[5]他们在自行车运动最大的赛事"环法自行车赛"中的表现更差。[6]一百一十年来，没有一名英国自行车运动员在这项赛事中得过奖牌。

事实上，英国车手的表现太过平庸，以至于欧洲最大的自行车制造商之一拒绝向英国车队出售自行车，担心其他职业运动员看到英国人在使用同样的装备后，不愿再选购自家产品。[7]

布雷斯福德被聘请来让英国自行车运动步入新的发展道路。与以往绩效总监不同的是，他一丝不苟地执行自己制定的"聚合微小进步"的战略，其基本理念就是在你所做的每一件事上寻求哪怕极细微的进步。布雷斯福德说："从根本上来看，我们遵循着这样一条原则，就是把有关骑自行车的整个环节都分解开来，然后把每个分解出来的部分改进1%，在你把各个部分的改进都汇集起来之后，你会发现整体上的显著提高。"[8]

布雷斯福德带领他的教练们针对职业自行车队的各项特点，开始做出一些小的调整。[9]他们重新设计了自行车车座，使其更加舒适，并用酒精擦涂车胎，以获得更好的抓地力。他们要求骑车者穿着电热短裤，以便在骑行期间让肌肉维持理想的温度，并使用生物反馈传感器来监测每个运动员对特定锻炼模式的反应。该团队利用风洞测试了各种织物，并决定让他们的户外车手换上室内赛车服，后者被证明更轻便，空气阻力更小。

但是他们并没有就此罢休。布雷斯福德及其团队继续在容易被忽视和意想不到的地方寻求1%的改进余地。他们测试了不同类型的按摩凝胶，看看哪一种能帮助队员更快地恢复肌肉力量。他们聘用了外科医生，教给每个队员最佳的洗手方式，以减少患感冒的概率。他们为每位队员专门选配不同类型的枕头和床垫，确保队员们获得最佳睡眠。他们甚至将团队卡车的内部漆成白色，这有助于他们发现一些灰尘。这些灰尘通常难以被察觉，但是会降低精心调校过的自行车的性能。[10]

随着这些和其他数百个小改进的积累，收效之快出乎所有人的意料。

布雷斯福德接手仅仅五年后，在2008年北京奥运会的公路和赛道自行车项目上，英国自行车队便出尽了风头，并夺取了该项目60%的金牌。[11]当四年后奥运会转战伦敦时，英国人的惊人成绩更上一层楼，打破了9项奥运会纪录和7项世界纪录。[12]

同年，布拉德利·威金斯（Bradley Wiggins）成为第一位赢得环法自行车赛冠军的英国骑手。[13]次年，他的队友克里斯·弗鲁姆（Chris Froome）赢得了该项比赛，并在2015年、2016年和2017年连续夺冠，使得英国队在六年内有5次夺取了环法自行车赛的冠军。[14]

在2007年至2017年的十年间，英国自行车运动员共夺得178次世界锦标赛冠军、66枚奥运会或残奥会金牌，并在环法自行车赛中接连获得了5次胜利，这被广泛认为是自行车运动史上最出色的成绩。[①][15]

这是怎么回事？那些细微变化并没有神奇功效，充其量会造成些许不同而已，可这个由普通运动员组成，且表现平平的团队是如何实现华丽转身，变成了世界冠军的呢？为什么小小的改进会累积成如此显著的结果，而你又能怎样在自己的生活中复制这种方法？

为什么小习惯会带来大变化

人们很容易高估某个决定性时刻的重要性，也很容易低估每天进行微小改进的价值。我们常常说服自己，大规模的成功需要大规模的行动。无论是减肥、创业、写书、赢得冠军，还是实现其他目标，我们都会给自己施加压力，让自己努力做出一些人人都想谈论的惊天动地的改进。

与此同时，改进1%并不特别引人注目——有时甚至不引人注目，但它可能更有意义，特别是从长远来看。随着时间的推移，一点小小的改进就能带来惊人的不同。计算方式是这样的：如果你每天都能进步1%，一年后你将会进步大约37倍。[16] 相反，如果你每天退步1%，一年后你会几乎归零。一场小小的胜利或一次小小的挫折会积累成更大的能量。

---

① 在本书即将付梓之际（2018年），关于英国自行车队的新信息已经发布。你可以登录jamesclear.com/atomic-habits/cycling 了解我的想法。

习惯是自我提高的复利。[17] 就像金钱借助于复利倍增一样，你的习惯的效果也会随着你不断地重复而倍增。在一两天的时间里，你察觉不出任何不同，但在数月和数年后，你会发现它们对你产生了巨大影响。只有在过了两年、五年或者十年后再回顾时，你才会发现好习惯的价值之高和坏习惯的代价之大令人瞠目结舌。

每天进步 1%

1 年中每天退步 1%：$0.99^{365} \approx 0.03$
1 年中每天进步 1%：$1.01^{365} \approx 37.78$

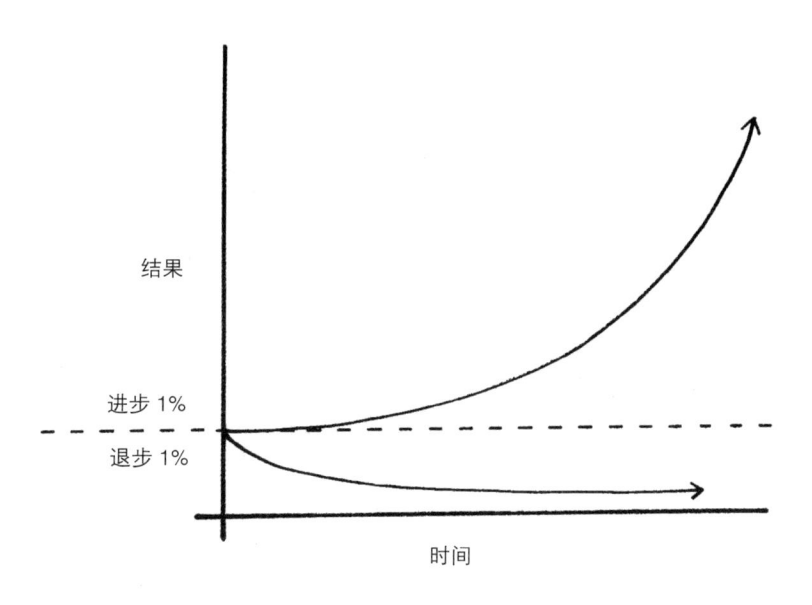

图 1：随着时间的推移，小习惯的影响会加剧。例如，如果你每天能进步 1%，一年后你的成绩会提高到大约原来的 37 倍

在日常生活中，这可能是一个难以理解的概念。我们通常并不理会微小的变化，因为在当时看来，它们似乎没什么了不起的：你现在存了一点钱，但你离百万富翁仍然差得很远；你连续三天都去健身房，身材却一点都不见好；你今晚练习了一小时普通话，你仍然没能掌握这门语言。我们做了一些改变，但总是迟迟不见期待中的效果，于是我们失去了改进的动力，退回到之前惯常的做法。

雪上加霜的是，缓慢的转变速度也很容易让坏习惯驻留不去。如果你今天吃了一顿不健康的饭，你的体重并没有增加多少；如果你今晚工作到很晚，冷落了你的家人，他们会原谅你；如果你拖延时间，把手头要做的事推迟到明天，稍后总会有时间完成它。人们总是觉得放纵自己一次算不上什么大事。

但是，只要我们日复一日地重复 1% 的错误，亦即反复做出不良决策、重复微小的错误，以及为自己的小失误寻找借口，久而久之，我们的小选择会叠加成有害的结果。这里或那里恶化 1%，如此这般的许多过失累积起来，恶果终会显现。

你在习惯上的些微变化带来的影响，与飞机航线微调几度后产生的影响类似。想象一下，你正从洛杉矶飞往纽约市。从洛杉矶国际机场起飞后，飞行员只要将航向朝南微调 3.5 度，你就将降落在华盛顿特区，而不是纽约。在起飞时，你几乎觉察不到这种微小的变化——飞机机头的朝向仅偏移了几英尺——但是当它放大到整个美国时，你会发现目的地之间相差了数百英里[1]。[2]

同样，你的日常习惯稍有改变，你的人生道路就会通向一个截然不同的终点。在你做出 1% 向好或 1% 向差的选择时，在那个时点来说它并不起眼，但纵观你由无数个时点构成的整个人生

---

[1] 1 英里 = 1.6 千米。
[2] 我一时兴起，很认真地计算了这种情形的结果。华盛顿距纽约市约 225 英里。假设你乘坐的是波音 747 或空客 A380，当你离开洛杉矶时，改变航向 3.5 度可能会导致飞机机头位移 7.2 ~ 7.6 英尺，或者 86 ~ 92 英寸。方向上的微调会导致目的地发生实质性的变化。

时，你的那些选择决定了你是谁和你可能是谁之间的不同。成功是日常习惯累积的产物，而不是一生仅有一次的重大转变的结果。

也就是说，你此时此刻是成就辉煌还是一事无成并不重要，重要的是你当前的习惯是否让你走上了通向成功的道路。你应该更关心你在当下前行的轨迹，而不是你已经取得了什么样的结果。假如你是百万富翁，但是你每个月的花销超过了你的收入，那就意味着你前行的轨迹很糟糕。如果你不改变消费习惯，那就不会有好的结局。相反，假如你收入微薄，但是你每个月都存一点钱，那么你就走上了通往财务自由的道路，即使你前进的速度可能低于你的期望。

你得到的结果是衡量你习惯的滞后指标，你的净资产是衡量你财务习惯的滞后指标，你的体重是衡量你饮食习惯的滞后指标，你的知识储量是衡量你学习习惯的滞后指标，你生活环境的杂乱是衡量你整理内务习惯的滞后指标。你所得到的就是你日复一日、年复一年积行成习的结果。

如果你想预测人生的终点，你只需要描画出由些微损益连成的曲线，从中看出你的日常选择在未来的十年或二十年里，会有怎样的复合影响。你每月的支出低于你的收入吗？你每周都去健身房吗？你每天都在看书并学习新事物吗？正是像这样的小拼搏定义着你未来的自我。

成功与失败之间的差距会随着时间的推移而不断扩大。无论你朝哪个方向努力，它都会予以增益。好习惯使时间成为你的盟友，坏习惯使时间成为你的敌人。

习惯是把双刃剑。[18]坏习惯令你江河日下，好习惯使你天天向上，两种进程都能轻而易举地发生，因此充分理解其中的细节至关重要。你需要知道习惯是怎样起作用的，以及如何根据你的喜好设计它们，以便最大限度地避免不良习惯的影响。

你的习惯可能导致正复利或负复利

正复利	负复利
生产力复利 在任意一天完成一项额外任务只能算作小成绩，但从整个职业生涯来看，则意义重大。[19] 自动完成某项固有任务或掌握一项新技能的效果更佳。你能在无意间完成越多的任务，你的大脑就会具备越多关注其他事物的余力。[20]	**压力复利** 交通堵塞导致的郁闷情绪、养育责任的重担、对入不敷出的担忧、对高血压的担忧，种种这些导致精神紧张的常见问题都不难解决，但若持续数年，各种小压力凝结聚合，会对身体造成严重损害。
知识复利 学到一个新观念并不能让你成为天才，但毕生致力于学习则可能取得颠覆性的效果。另外，你读的每本书不仅让你学到了新事物，而且开阔了你的眼界，让你以全新的方式审视固有观念。[21] 正如沃伦·巴菲特所说："这就是知识的作用，它不断积累，就如复利一样。"	**消极思想复利** 你越觉得自己一无是处、愚蠢或丑陋，你就越倾向于这样认定自己并以此理解生活。你陷入了循环思维之中。你对他人的看法也是如此。一旦你养成了习惯，总是认为人们愤愤不平、行为不端或自私自利，你就会随处可见这种人。
关系复利 在与人交往时，有付出就会有收获。你帮助别人越多，别人就越想帮助你。在每次互动中表现得更好一点，随着时间的推移，会形成一个广泛而强大的人际关系网。	**愤怒复利** 骚乱、抗议和群众运动很少是单一事件的结果。相反，一系列微小的挑衅和日积月累的恶化关系逐渐升级，直至压垮骆驼的最后一根稻草出现，人们的愤怒情绪便像野火一样蔓延开来。

什么是真正的进步

想象一下，你面前的桌子上有块冰。房间里很冷，你可以看到自己呼出的白气。

当前温度是 25 华氏度。房间开始缓缓变暖。

26 华氏度。

27 华氏度。

28 华氏度。

你面前桌子上的冰块纹丝不动。

29 华氏度。

30 华氏度。

31 华氏度。

然而，依然什么也没有发生。

随后，温度升到了32华氏度①，冰开始融化。温度仅仅上升了1华氏度，似乎与之前的温度上升没有什么不同，但它引发了巨大的变化。

突破时刻的出现通常是此前一系列行动的结果。这些行动积聚了引发重大变革所需的潜能。这种模式随处可见。癌细胞增生期间 80% 的时间里检测不到，随后在几个月之内便接管了身体控制权。²²竹子在生长的前五年几乎看不到，因为它在六周内向上猛蹿 90 英尺之前一直在地下建立四处蔓延的根系。②

类似地，你在培养习惯的过程中，有相当长时间是感受不到它的影响的，直到某一天，你突破了临界点，跨入新境界。在任何探索的早期和中期，通常都会有一个不如意的低谷区。你期望日新月异，收到立竿见影之效，但让你感到沮丧的是，在最初的几天、几周甚至几个月里，几乎看不到任何明显的变化。你觉得

---

① 相当于 0 摄氏度。
② 竹子生长迅速，不同品种的竹子可以达到不同的高度。最短的竹子高 10 到 15 厘米，最大的竹子高 40 米以上。且不同时期竹子的生长速度也是不同的，在旺盛生长期间，竹子每小时可以增加 4 厘米左右，一年可以长到几米甚至十几米。

一切都是在白费功夫。这是所有复利进程的共同特征：最有力的结果总是姗姗来迟。

这也是人们很难养成持久习惯的核心原因之一。

人们做了一些小小的改变，过了一段时间后没有看到任何效果，于是决定放弃。你会想："我每天跑步，都坚持一个月了，可为什么我的身体没有任何变化？"一旦这种想法占了上风，你会轻而易举地抛弃好习惯。关键是，要想实现有意义的改变，新养成的习惯需要坚持足够长的时间，才能突破并无明显变化的平台期——我称之为潜能蓄积期。

如果你觉得自己培养好习惯或改掉坏习惯的过程很吃力，这并不是因为你失去了自我提高的能力，而通常是因为你还没有度过潜能蓄积期。抱怨自己拼命努力却不能取得成功，就像抱怨冰块从 25 华氏度加热到 31 华氏度时没有融化一样。你所做的努力并没有白费，它只是刚刚被蓄积起来。等温度上升到 32 华氏度时，一切便顺理成章地发生了。

当你突破潜能蓄积期之际，人们会说你一夜之间取得了成功。外部世界只看到最具戏剧性的薄发瞬间，而无视之前厚积的漫长过程。但是你要知道，正是你很久以前下的那些功夫——当时你似乎看不到任何进展——才使得今天的飞跃成为可能。

这相当于地质压力在人身上的体现。两大构造板块可以相互挤压、摩擦数百万年，由此形成的张力一直在缓缓积聚。然后，突然有一天，它们以无数年以来相同的方式再次互相摩擦，只是这次产生的张力太大了，紧接着，地震爆发了。谁都不知道潜在的演变会持续多少年，但有一点是肯定的，那就是总有一天积聚的动能会突然爆发。

熟练掌握某种技能需要足够的耐心。圣安东尼奥马刺队是

NBA 历史上最成功的球队之一。[23] 他们的更衣室里挂着社会改革家雅各布·里斯（Jacob Riis）的名言："每当我感到无能为力时，我就会去看石匠凿石头，也许他凿了 100 次，但石头上没有出现裂缝的迹象。然而，在他凿到第 101 次时，那块石头裂成了两半。我知道这不是最后那次凿击造成的，而是此前连续凿击的结果。"

潜能蓄积期

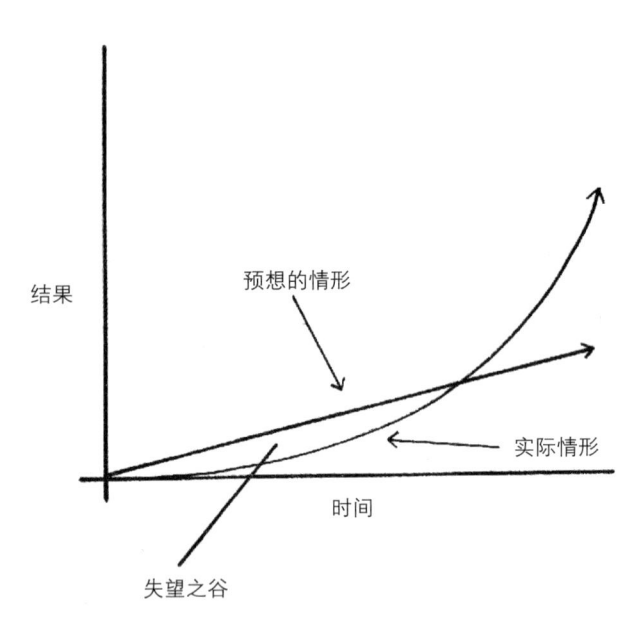

图 2：我们经常期望进步是线性的。至少我们希望它有立竿见影的效果。实际上，我们做出努力后，结果的显现往往会滞后。或许在几个月或几年后，我们才意识到以前工作的真正价值。这可能会导致"失望之谷"的出现，也就是人们在投入数周或数月的辛勤努力后，却没有任何看得见的效果，于是会深感沮丧。然而，功夫并没有白费，它只是蓄积起来了。直到很久以后，以前努力的全部价值才会显露出来[24]

不积跬步，无以至千里，每颗习惯的种子都来自单一的、微小的决定。[25] 但是随着这一决定不断得以重复，一种习惯就会生根发芽并茁壮成长，随着时间的推移，根扎得越来越深，枝叶也日益繁茂。戒除坏习惯犹如连根拔起我们内心枝繁叶茂的橡树，而培养好习惯则像每天不忘浇水，悉心培育一株娇嫩的鲜花。

那么，究竟什么决定着我们是否能够坚持足够长的时间，使我们想要培养的某种习惯安然度过潜能蓄积期，直至突破成为我们固有的习惯呢？又是什么因素导致一些人不由自主地沾染恶习，同时让另一些人享受到好习惯带来的复利效果呢？

忘记目标，专注于体系

人们普遍认为，我们在生活中想要的东西林林总总，五花八门，比如保持更好的身材、建立成功的企业、身心放松、消除烦恼、花更多时间与朋友和家人在一起，等等，而实现这些愿望的最佳方式是设定具体的、切实可行的目标。

这也是我多年来培养习惯的方式。每个习惯都是有待实现的目标。我设定想要在学校获得的分数、想要在健身房举起的重量、想要在经营活动中赚取的利润指标。我实现了一小部分目标，但大多数功败垂成。经过一番尝试，我逐渐意识到，那些结果与我最初设定的目标几乎没有任何关系，却与我遵循的体系有着千丝万缕的关联。

目标和体系有什么不同？我最初是从"呆伯特漫画"的创作者斯科特·亚当斯（Scott Adams）那里了解到两者的区别的。目标是关于你想要达到的结果，而体系是涉及导致这些结果的过程。

> 如果你是教练，你的目标可能是让自己带的队伍赢得冠军。你的体系就是你招募球员、管理助理教练和训练的方式。
> 如果你是企业家，你的目标可能是创建一家营业额上百万美元的企业。你的体系就是测试产品创意、雇用员工和开展营销活动的方式。
> 如果你是音乐家，你的目标可能是演奏一支新曲子。你的体系就是你练习的频率、你如何分解和处理高难度曲段，以及你从导师那里获得反馈的方法。

有趣的问题是：如果你完全忽略了你的目标，只关注你的体系，你还会成功吗？假设你是篮球教练，你忽视了赢得冠军的目标，只专注于你的团队每天如何训练，你还会得到想要的结果吗？

我想你会的。

任何一项运动的终极目标都是争取获得最好的成绩，但是在整场比赛中都死盯着记分牌则荒谬无比。争取每天都有进步是你走向成功唯一的方法。用三届超级碗冠军比尔·沃尔什（Bill Walsh）的话来说就是："比分是会自理的。"生活的其他领域也是如此。如果你想要得到更好的结果，那就别再紧盯着目标不放，而要把精力集中到你的体系建设上。

这是什么意思？目标完全无用吗？当然不是。目标的意义在于确定大方向，但体系会促进你的进步。假如你为目标绞尽脑汁，却对体系设计关注不足的话，就会出现一些问题。

问题1：赢家和输家心怀相同的目标

目标设定深受胜者王侯心态的影响。我们极为看重最终的赢家，或者说幸存者，并误以为夺取胜利的诀窍就在于雄心勃勃的目标，全然忘记了还有众多制定了同样目标的人最终却失败了。

每个奥运选手都想获得金牌，每个应聘者都想得到那份工作。如果成功和不成功的人心怀相同的目标，那么目标本身就不能成为区分赢家和输家的标准。[26] 赢得环法自行车赛的目标并不是推动英国自行车手达到这项运动顶端的根本动力。或许他们之前每年都渴望着在这场比赛中夺冠，就像其他职业自行车队一样。目标一直存在。只有在他们实施了一点一滴、循序渐进的改进体系之后，他们才取得了不同寻常的结果。

问题2：实现一个目标只是短暂的改变

想象一下，你的居室杂乱不堪，你制定了大扫除的目标。如果你鼓起勇气开始收拾，那么你的居室就会变得干净整洁，至少眼下是这样。但是，如果你保持着当初导致房间脏乱的那种习惯，就像收集鼠一样只往窝里搜罗各种东西，但从来不扔，你很快就会看到屋里又变得乱七八糟的，不知何时才会心血来潮再来次大扫除。你重蹈覆辙的根本原因是你从未改变导致这种状况一再发生的体系，你所做的一切只是治标不治本。

实现一个目标只会暂时改变你的生活。这正是改进这个概念违反直觉之处。我们本以为需要改变我们的结果，其实结果并不是问题产生的根源，真正需要改变的是导致这些结果的体系。假如你只是围绕着结果动脑筋想办法，你只能取得一时的改进。为了取得一劳永逸的成效，你需要解决体系层面上的问题。修正输入端，输出端就会自行修正。

问题3：目标束缚了你的幸福感

任何目标都隐含着这样的假想："一旦我实现了那个目标，我就会很快乐。"目标优先心态的问题是，你一直在延迟享受快乐，总是寄希望于下一个里程碑的实现。我已经记不清掉进这个陷阱多少次了。多年来，我总是告诫自己，来日方长，要把快乐留待未来去享受。我向自己保证，一旦我长了20磅肌肉，或者等我的生意红红火火，登上《纽约时报》专题报道的栏目之后，我就可以放松了。

此外，目标会导致"非此即彼"的冲突：要么你实现了预定目标，最终取得了成功，要么你失败了并令人大失所望。你在精神上把自己禁锢在一种狭隘的幸福观之中，这属于自我误导。你实际走出的人生道路不太可能与你出发时心目中的旅程完全匹配。成功之路不止一条，你毫无必要认定只有某个特定场景的出现，才能让你对自己的人生感到满意。

系统至上的心态对此提供了解药。当你爱上过程而不是结果时，你不必等待容许自己享受快乐的那一刻的到来。只要你创建的体系在正常运行，你就会在整个过程中感受到快乐。另外，一个体系取得成功的方式有很多种，而不仅仅是你最初想象的那一种。

问题4：目标与长远进步存在冲突

最后，以目标为导向的思维定式会产生"溜溜球效应"。许多跑步运动员可以连续不断地刻苦训练几个月，但是当他们完成了比赛之后，就会偃旗息鼓，停止训练。赛事已然结束，不再能激励他们刻苦训练。当你所有的努力都集中在一个特定的目标上时，一旦目标实现，推动你努力前行的动力也就失去了依托。这就是为什么许多人在完成预定目标后又恢复了旧习惯。

设定目标的目的是赢得比赛，构建体系的目的是持续参与这项赛事。意在长远的思维方式不会拘泥于具体的目标。这不是为了取得任何单一的成就，而是一个精益求精、日趋进步的渐进过程。归根结底，你对这个过程锲而不舍的坚持决定着你进步的程度。

微习惯体系

如果你很难改变自己的习惯，问题的根源不是你，而是你的体系。坏习惯循环往复，不是因为你不想改变，而是因为你用来改变的体系存在问题。

你要做的是不求拔高你的目标，但求落实你的体系。[27]

关注整个体系，而非单一目标，这是本书的核心主题之一。这也是"原子"（本书英文书名中的 atomic）这个词更深层的含义之一。到目前为止，你可能已经意识到，微习惯指的是微小的变化、边际收益[①]、1%的改进。但是微习惯无论多么微小，它们绝不仅仅是一些旧的习惯，它们是更大系统的一部分。正如原子是分子的组成部分一样，微习惯也是显著结果的组成部分。

习惯就像我们生活中的原子。每个基本单元都对你的整体进步有所贡献。起初，这些细微的惯常举动看起来微不足道，但很快它们就开始相互依存，为更大的胜利注入动力，其翻倍扩张的程度远远超过了最初投入。它们微小，但很强大。这就是"微习惯"一词的含义。也就是说，它是一种有规律的练习或惯常举动，

---

① 边际收益是指增加一个单位的投入能带来的额外收益。

本身微不足道且简便易行,却是不可思议的力量之源;另外,它也是复合增长体系中的一个组成部分。

本章小结

> 习惯是自我提高的复利。从长远来看,每天进步1%的效果不容小觑。
> 习惯是把双刃剑。它们可能对你有利,也可能对你不利,这就是为什么理解细节至关重要。
> 在你越过临界点之前,细微的变化似乎没起任何作用。这是个日积月累、潜移默化的过程,最终的重大突破迟迟不到,考验着你的耐心。
> 微习惯是隶属于更大系统的小习惯。正如原子是分子的组成部分一样,微习惯也是显著结果的组成部分。
> 如果你想要得到更好的结果,那就别再只关注目标,转而全力关注你的体系。
> 不求拔高你的目标,但求落实你的体系。

第 2 章

你的习惯如何塑造你的身份（反之亦然）

为什么沾染不良习惯那么容易，培养好习惯却如此困难？改进日常习惯会左右人生发展的轨迹，其影响力之大超过了几乎其他所有的事情。然而，明年的今天，你的表现会与此时此刻一模一样，没有任何改善。即使有真实的努力和偶尔爆发的十足冲劲，要连续几天保持好习惯往往也很难做到。像健身、冥想、写日记和烹饪这样的习惯保持一两天还行，但时间久了就成了烦心事。

然而，一旦你养成了习惯，它们就会如影随形，挥之不去，尤其是那些不良嗜好。尽管我们有强烈的愿望，但还是很难戒掉一些不良习惯，如吃垃圾食品、沉溺于看电视、做事拖拉和吸烟。

改变习惯之举颇具挑战性，原因有两个：（1）我们没有找对试图改变的东西；（2）我们试图以错误的方式改变自己的习惯。在本章中，我将讨论第一点。在接下来的章节中，我将讨论第二点。

行为改变的三个层次

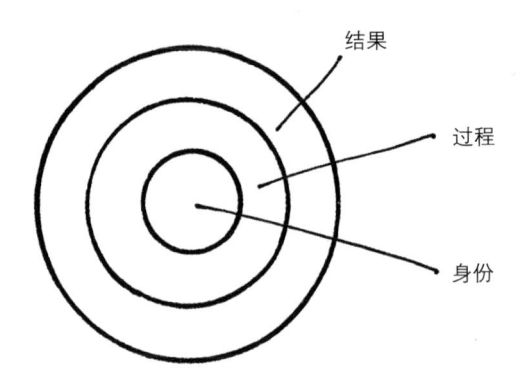

图3：行为改变有三个层次——结果的改变、过程的改变和身份的改变

我们犯的第一个错误是选错了试图改变的事情。为了更好地理解我的意思，你可以考虑把改变发生的进程分为三个层次，就像洋葱一样。[28]

第一层是改变你的结果。这个层次事关改变你的结果：减肥、出版书籍、赢得冠军。你设定的大多数目标与这个层次的改变相关。

第二层是改变你的过程。这一层次涉及改变你的习惯和体系：定时去健身房锻炼、定期整理你的办公桌以提高工作效率，以及按时练习冥想。你养成的大多数习惯与这一层次有关。

第三层是改变你的身份。这一层有关改变你的信念：你的世界观、你的自我形象，以及你对自己和他人所做的判断。你持有的大多数信念、假设和偏见与这个层次相关。

结果意味着你得到了什么，过程意味着你做了什么，身份则关系到你的信念。当谈到培养持久习惯，以及创设改进1%的体系时，问题不在于这层比那层"更好"或"更差"。所有层级的变化都各有用处，关键是改变的方向。

许多人开始改变自己的习惯时，把注意力集中在自己想要达到的目标上。这会导致他们养成基于最终结果的习惯。正确的做法是培养基于自己身份的习惯。借助于这种方式，我们的着眼点是我们希望成为什么样的人。

基于结果的习惯　　　　　基于身份的习惯

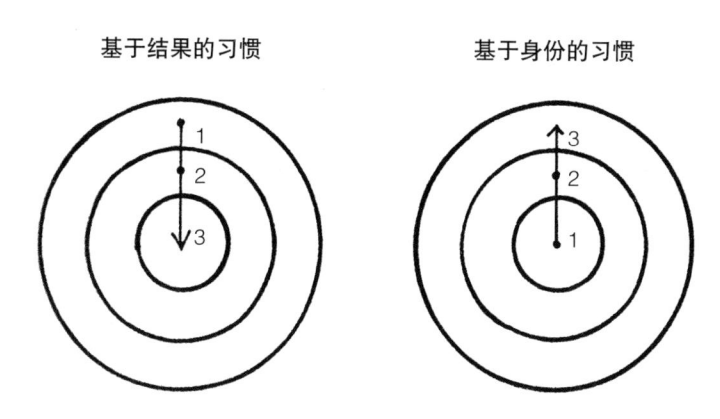

图4：对于基于结果的习惯，重点是你想要达到的目标；对于基于身份的习惯，重点是你想成为什么样的人

想象一下两个人拒绝吸烟的情形。当有人让烟时，甲说："不用了，谢谢，我正在戒烟。"这听起来像是一个合理的回应，但它暗含的意思是，这个人仍然相信自己是吸烟者，只是正努力让自己有所不同。他们认为只要自己心存这样的信念，他们的行为就会发生转变。

乙则一口回绝："不，谢谢，我不吸烟了。"这个回应稍有不同，但它表明了这个人身份的转变。吸烟只是他过去生活的一部分，而不是他现在的生活，他不再自认为是烟民。

大多数人在着手自我提高时甚至不考虑改变身份。他们的想法很简单："我想变瘦（结果），如果我坚持这种饮食习惯，我就会变瘦（过程）。"他们设定目标并决定应该采取什么行动来实现这些目标，根本不考虑激励他们行动的信念。他们从不改变看待自己的方式，也不知道自己的旧身份会破坏新的变革计划。

每个行动体系背后都有一套信念体系。无论我们讨论的是个人、组织，还是社会，都存在类似的模式。体系是由一整套信念和假设塑造的，它就是隐藏在习惯背后的身份。

与身份不相符的行为不会持久。你可能想攒下更多的钱，但是假如你是只想消费、不愿创造的人，那么你就会不由自主地倾向于消费，而不是努力赚钱。你可能想要身体更健康，但是假如你总是贪图安逸、不思进取，你就会倾向于无所事事，不参与任何健身活动。如果你从未改变支配着你以往行为的潜在信念，你很难改变你的习惯。虽然你制定了新目标和新计划，但是你还是你，并没有任何变化。

来自科罗拉多州博尔德的企业家布莱恩·克拉克（Brain Clark）的故事就是很好的例证。"在很久以前，我就有咬指甲的习惯。"克拉克告诉我，"起初是小时候为了克服紧张情绪这么做，后来就变成了令人厌恶的习惯性动作。有一天，我下决心不再咬指甲，等着它们长出一点。仅凭强大的意志力，我就成功做到了。"

然后，克拉克做了一些令人惊讶的事情。

"我让我妻子替我预约修指甲，这可是我破天荒头一回做这事，"他说，"我想的是，如果我开始掏钱保养指甲，我就不会咬它们了。这招挺有效，但并非因为花了钱，而是修指甲让我的手指第一次看起来非常漂亮。美甲师甚至说，除了被咬的痕迹，我的指甲看起来非常健康，且有魅力。突然之间，我为我的手指甲感到自豪。尽管这是我从未向往过的，但它的确让我有种发现了新大陆的感觉。从那以后，我再也没咬过指甲，甚至都没有动过咬它们的念头。这是因为我现在为能精心呵护它们而感到骄傲。"[29]

内在激励的终极形式是习惯与你的身份融为一体。说我是想要那样的这种人是一回事，而说我本身就是这种人则是另外一回事。

你越是以自己身份的某一方面为傲，你就越有动力保持与之相关的习惯。如果你以自己的一头秀发为傲，你就会养成各种习惯去呵护和保养它；如果你以自己发达的肱二头肌为傲，你会确保自己永远不会放过锻炼上身的机会；如果你以自己织的围巾为傲，你会更有可能每周抽出几个小时用于编织。一旦涉及你的自豪感，你就会尽心尽力地保持你的习惯。

真正的行为上的改变是身份的改变。你可能会出于某种动机而培养一种习惯，但让你长期保持这种习惯的唯一原因是它已经与你的身份融为一体。任何人都可以说服自己去一两次健身房，或者吃一两次健康食品，但是如果你不改变行为背后的信念，那就很难长期坚持下去。改善只是暂时的，除非它们成为你的一部分。

> 目标不是阅读一本书，而是成为读者。
> 目标不是跑马拉松，而是成为跑步者。
> 目标不是学习一种乐器，而是成为音乐家。

你的行为通常反映了你的身份。你的所作所为表明你相信——无论是有意识的还是无意识[①]的——自己是哪种类型的人。

---

① "无意识"、"下意识"和"潜意识"等词均可用来描述意识或思想的缺位。即使在学术界，人们也不会太挑剔（仅此一次），常常互换使用这几个词。我选用"无意识"的原因是它的含义足够宽泛，涵盖了我们永远无法意识到的思维过程，以及我们根本不会注意到周边事物的那些时刻。无意识描述的是你并未有意识地思考任何事物的状态。

研究表明，一旦一个人完全认同自己身份的某个特定方面，他就更有可能如此这般地行事。[30]例如，那些自认为"选民一族"的人可能会比那些声称自己只是想"投票而已"的人，更积极地去投票。类似地，将健身融入自己身份的人不需要说服自己去定期锻炼。这事做起来很容易。毕竟，当你的行为和身份完全一致时，你所追求的不再是行为上的改变。你的一举一动无非体现着你自以为从属的那类人该有的举动。

如同习惯形成的所有方面一样，这也是把双刃剑。当它利于你时，身份改变可能是自我提升的强大力量。然而，当它与你作对时，身份改变可能是某种诅咒。一旦你接纳了一个身份，你对它的忠诚很容易影响到你改变的能力。许多人走过一生，不思不想，只是盲目地遵循与他们身份相关的规范。

- "我不会分辨方向。"
- "我不是早起的人。"
- "我记不住别人的名字。"
- "我总是迟到。"
- "我不擅长技术活。"
- "我数学不好。"

诸如此类的标签。

年复一年，你对自己讲述同一个故事，你很容易陷入这种心理定式，并信以为真。随着时间的推移，你开始抵制某些行为，因为"那不是我"该做的。有种无形的内在压力迫使你维护自我形象，并确保你的行为方式符合你的信念，让你不得不千方百计地避免自相矛盾或内在冲突。[31]

某种想法或行为与你的身份贴合得越紧密，就越难改变它。追随你的文化族群（群体认同）或者维护你的自我形象（个人认同）会让你感觉心安理得，哪怕那是错误的。在任何层面——个人、团队、社会——积极变革的最大障碍都是身份冲突。理智上，你当然认为应该培养良好习惯，可当它们与你的身份产生冲突时，你将无法付诸行动。

任何一天，你都可能因为太忙、太累或无数个其他理由而打乱自己的习惯。然而，从长远来看，你不能坚持习惯的真正原因是你的自我形象妨碍着你。这就是为什么你不能太执着于一种身份。进步要求你吐故纳新，成为你自己的最佳版本需要你不断地修饰自己的信念，提升和扩展自己的身份。

这就导向了一个重要的议题：如果你的信念和世界观在你的行为中起着如此重要的作用，那么它们起初又是从何而来的呢？确切地说，你的身份是怎样形成的？你怎么能做到既重视自己身份中服务于你的新特性，又逐渐抹去妨碍你的那部分内容的？

改变你身份的两步进程

你的身份来自你的习惯。你并没有与生俱来的信念。每个信念，包括有关你自己的信念，都是通过后天习得并由经验磨砺出来的。[1]

更确切地说，你的习惯是体现你身份的方式。如果你每天都

---

[1] 当然，随着时间的推移，你的身份的某些方面会保持不变。比如说，你会被认为是高个子或矮个子。即使对于固有的品质和特征，你是从正面还是负面的角度看待它们，也取决于你一生的经历。

铺床，你体现着一个有条理的人的身份；如果你每天都写作，你体现着一个有创造力的人的身份；如果你每天都训练，你体现着运动员的身份。

一种行为重复的次数越多，与之相关的身份就越是得以强化。事实上，"身份"这个词最初来源于拉丁语单词"essentitas"，意思是存在，以及"identidem"，意思是反复。你的身份实际上就是你的"反复存在"。[32]

不管你现在的身份是什么，你相信它存在的理由只是你有证据。如果你连续二十年每周日都去教堂，你有证据表明你是虔诚的；如果你每天晚上都抽出个把小时学习生物学，你有证据表明你很好学；如果你在下雪天都去健身房，你有证据表明你决心健身。你对一个信念拥有的证据越多，你就越坚信它。

在我人生初期的大部分时间里，我并不认为自己是作家。假如你有机会问教过我的高中老师或大学教授，他们会告诉你，我的写作水平充其量只是平均水准，绝对算不上出色。在我开始写作生涯的最初几年，我每周一和周四都会发表一篇新文章。随着证据的积累，我的作家身份也在增强。我一开始不是作家，我的习惯使我变成了作家。

当然，你的习惯并不是影响你身份的唯一行为，但是由于它们出现的频率很高，从而成为最重要的。生活中的每次经历都会修改你的自我形象，但是你不太可能因为踢过一次球，就认为自己是足球运动员，也不太可能因为随便画了幅画，就认为自己是艺术家。然而，如果你不断重复这些动作的话，证据就会累积，你的自我形象也将随之转变。随着时间的推移，一次性经历的影响会逐渐消失，而习惯的影响则会日益增强，这意味着你的习惯提供了塑造你身份的大部分证据。如此说来，养成习惯的过程实际上就是成为你自己的过程。

这是一个潜移默化的过程。我们不可能仅凭打个响指并做出决定，就立刻变成全新的人。我们的改变需要一点一滴、日复一日、习惯再习惯地积累。[33] 我们自身不断经历着微观上的演变。

每个习惯都像是在给出建议："嘿，也许我就是这种人呀。"如果你读完了一本书，那么也许你是那种喜欢读书的人；如果你去健身房，那么也许你是那种喜欢锻炼的人；如果你练习弹吉他，那么也许你是个音乐爱好者。

你采取的每一个行动都是投票给了你想成为的那类人。一两次做法不会改变你的信念，但是随着选票的增加，你的新身份的证据也会改变。这就是有意义的改变无须剧变的原因之一。微小的习惯做法可以提供新身份的证据，从而带来有意义的转变。如果改变是有意义的，它实际上就是重大的改变。这就是微改进本身的悖论。

综上所述，你可以看出习惯是改变身份的必经之路。改变你是谁最实际的方法就是改变你所做的。

> 你每次写完一页时，你就是作家。
> 你每次练习小提琴时，你就是音乐家。
> 你每次开始训练时，你就是运动员。
> 你每次鼓励你的员工时，你就是领导者。

每个习惯不仅会得到结果，还会教会你更重要的事情：信任自己。你开始相信自己真的能完成这些事情。当票数不断增加，证据不断积累时，你讲述给自己的故事也开始改变。

当然，它也可能起到截然相反的作用。每次你选择坏习惯时，都是在投票给这种身份，好消息是你不需要完美。在任何选举中，各方候选人都会获得选票。你不需要全体一致投票才能赢得选举，你只需要多数即可。如果你投了几票给不良行为或者毫无建树的习惯，这没多大关系，你的目标只是赢得大多数时间。

新的身份需要新的证据。如果你持续不断地投下相同的票，你会得到和以往一样的结果；如果你的所作所为一成不变，你得到的结果也不会有任何变化。

这是一个简单的两步过程：

1. 决定你想成为哪类人。
2. 用小赢证明给自己看。

首先，选定你想成为什么样的人。这在个人、团队、社区、国家等各个层面都适用。你想代表什么？你的原则和价值观是什么？你想成为哪种人？

这些都是大问题，许多人并不知道从何说起，但是他们确实知道自己想要什么样的结果：练出六块腹肌、不再感到焦虑，或者让自己的薪水翻倍。这些都没问题。就以此为开端，从你想要的结果开始往回推，弄清楚什么样的人才能得到这些结果。问自己："拥有我想要的结果的人属于哪种类型？"什么人减肥可以减掉40磅？什么人能够学习一门外语？什么人能够成功创业？

例如，"能著书立说的是什么样的人？"，这个人可能具有专心致志、诚实可靠的品性。现在你的注意力就从写书（基于结果）转移到成为一个专心致志、诚实可靠的人（基于身份）。

这个过程可能会产生以下信念：

➢ "我是那种为学生挺身而出的老师。"
➢ "我是那种给予每个病人足够的关注和治疗的医生。"
➢ "我是那种为员工辩护的经理。"

一旦把握住了你想要成为的人的类型，你就可以着手采取一些小步骤来强化你想要的身份。我有个朋友减肥超过100磅，她的秘诀就是问自己："健康的人会做什么？"她一天到晚的生活都会以这个问题为指导。一个健康的人会步行还是坐出租车？一个健康的人会点玉米煎饼还是沙拉？她觉得只要自己像个健康的人一样行事并坚持足够长的时间，最终自己就会成为那个健康的人。她想得没错。

基于身份的习惯这一说法是本书中我们初次引入另一个关键主题——反馈回路——时用到的。你的习惯塑造你的身份，你的身份塑造你的习惯。这是一条双行道。所有习惯的形成都构成一个反馈回路（我们将在下一章深入探讨这个概念），但是重要的是让你的价值观、原则和身份驱动这个循环回路，而不是你的结果。重点应该始终是成为那种类型的人，而不是获得某种特定的结果。

习惯至关重要的真正原因

身份改变是习惯改变的北极星。本书的其余部分将手把手教你怎样让你自己、你的家人、你的团队、你的公司以及你期望的任何方面培养良好的习惯。但我们真正要问的是："你是否正成为你想成为的那种人？"第一步不是什么或如何，而是谁。你需要知道你想成为谁，否则，你对变革的追求就像一艘没有舵的船。这就是我们从这里起步的原因。

你有能力改变你对自己的信念。你的身份不是一成不变的，你每时每刻都能做出选择。你可以把今天选择的习惯用来选定你今天想要强化的身份。说到这里，我们正好接触到了本书更深一层的写作目的以及习惯至关重要的真正原因。

培养良好习惯并不意味着天天泡在人生的灵丹妙药之中。它并非每晚用牙线剔牙、每天早上洗个冷水澡，或者每天穿同样的衣服。它也并非意在达到衡量成功的外在标准，比如赚到更多的钱、减肥或减轻压力。习惯可以帮助你实现所有这些目标，但从根本上说，它们所涉及的不是拥有某种东西，而是变成某种人。

归根结底，你的习惯很重要，因为它们有助于你成为自己想成为的那种人。你对自身所怀有的深层次信念就是借助于习惯这一渠道发展而来的。可以说，你变成了你的习惯。

本章小结

> 行为改变有三个层次：结果的改变、过程的改变和身份的改变。
> 改变习惯最有效的方法不是关注你想要达成的目标，而是你想要成为谁。
> 你的身份来自你的习惯。每个行动都是你在投票给你想成为的人。
> 要想使自己做到最好，你需要持续编辑你的信念，升级和扩展你的身份。
> 习惯至关重要的真正原因不是它们能带给你更好的结果（尽管它们能做到这一点），而是它们能改变你对自己抱有的信念。

第 3 章

培养良好习惯的四步法

1898 年，心理学家爱德华·桑代克（Edward Thorndike）进行了一项实验，为我们后来理解习惯形成的过程以及主导我们行为的规则奠定了基础。[34] 桑代克对动物的行为表现出浓厚的兴趣，于是他就以猫为开端展开了研究。

他会把每只猫分别放入名为拼图盒的装置里。这个盒子专门设计了让猫可以通过做"一些简单的动作，比如拉动绳圈、按下杠杆，或者跳到平台上"[35] 便可逃离的门。例如，一个盒子里设有杠杆，当被按下时，它会打开盒子侧面的门。一旦门被打开，猫就可以蹿出去，径直跑到盛着食物的碗边。

大多数猫刚被放进盒子里就想逃跑。它们会嗅遍各个角落，把爪子伸进开口处，并且抓挠松散的物体。经过几分钟的摸索，猫会碰巧按下魔法杠杆，门会打开，它们就会逃出去。

桑代克在许多实验中跟踪观察每只猫的行为模式。一开始，它们在盒子里面乱跑。但是，一旦按下杠杆并把门打开后，学习过程就会启动。渐渐地，每只猫都学会了将按下杠杆的动作与逃离盒子并获得食物的奖励联系起来。

经过 20~30 次尝试，这种行为已经变成自然而然的习惯性动作，以至于猫可以在几秒钟内逃走。例如，桑代克指出："12 号猫做出这个动作所耗时间如下：160 秒，30 秒，90 秒，60 秒，15 秒，28 秒，20 秒，30 秒，22 秒，11 秒，15 秒，20 秒，12 秒，10 秒，14 秒，10 秒，8 秒，8 秒，5 秒，10 秒，8 秒，6 秒，6 秒，7 秒。"

在前 3 次实验中，这只猫逃离盒子的时间平均约为 1 分半钟，但在最后那 3 次实验中，它平均耗时 6.3 秒。随着练习次数的增加，每只猫所犯的错误越来越少，它们的动作也越来越快，越来越熟练。猫们不再犯同样的错误，而是一蹴而成。

桑代克根据自己的研究结果，描述了动物的学习过程："产生满意结果的行为往往会得以重复，而导致不愉快后果的行为得以重复的概率较低。"[36] 他的研究成果为我们探讨生活中习惯形成的奥秘提供了完美的起点。另外还提供了一些根本性问题的答案，比如：什么是习惯？为什么大脑会费心去建造它们呢？

你的大脑为何会培养习惯

习惯是重复了足够多的次数后变得自动化的行为。习惯形成的过程始于反复尝试。每当你在生活中遇到新的情况，你的大脑就要做出决定："对此我该如何回应？"你初次遭遇难题时，不知道该从何入手。就像桑代克用来做实验的猫一样，你会尝试不同的做法，看看哪种有效果。

在此期间，大脑的神经活动高度活跃。[37] 你仔细分析当前形势，并有意识地决定如何行动。你接受了海量的新信息，并试图从中理出头绪。大脑正忙于学习最有效的行动路径。

不经意间,你就像猫碰巧按了一下杠杆一样,突然发现了解决方案。你感到焦虑,你发现跑步会让你平静下来。你工作了一整天,感觉疲惫不堪,不过你得知玩电子游戏会让你放松。你不停地探索、探索、探索,猛然间,你"中了大奖"。

在偶然发现一个意想不到的奖励后,你便会对今后的策略做出调整。你的大脑立即开始梳理得到奖励前发生的一系列事件。等一下——这种感觉很好。在那之前,我是怎么做的?

这是人类全部行为背后的反馈回路:尝试、失败、学习,然后进行不同的尝试。经过一番练习,那些无用的动作逐渐消失,而有用的动作得到加强。这就是正在形成的习惯。

每当你反复面对一个问题,你的大脑就会把解决它的过程自动化。你的习惯只是解决你经常面临的问题和压力的一系列自动解决方案。正如行为科学家贾森·赫雷哈(Jason Hreha)所写的那样:"简单地说,习惯是解决我们环境中反复出现的问题的可靠方法。"[38]

随着习惯的形成,大脑的活跃程度渐渐降低。[39]你学会锁定预示成功的线索,并忽略其他一切。当未来类似的情况出现时,你就知道该寻找什么了。此时你无须就眼前的局势进行全方位的分析。你的大脑会直接跳过试错环节,并创立一条心理规则:如果是这种情形,就用那种方式应对。只要情况合适,人的反应过程就会自动安装这些认知脚本并开始运行。于是,每当你感到压抑时,你就禁不住要跑步;下班后一进家门,你就抄起电子游戏控制器。以前需要思索一番才能做出的选择,如今成了自然而然的动作。这说明你已经养成了一种习惯。

习惯是从经验中学到的心理捷径。从某种意义上说,习惯只是你过去为解决问题而采取的步骤的记忆。只要条件合适,你就可以调用这种记忆并自动应用相同的解决方案。大脑记忆过去的主要原因是为了预测如何更好地应对未来。[40]

习惯的形成非常有用，因为心理意识是大脑的瓶颈。[41]一心不能二用。因此，大脑总是努力确保你集中注意力，关注当下最根本的问题。只要有可能，头脑会有意识地把一些任务交给无意识去自动完成。[42]这正是习惯形成时会发生的情况。习惯减轻了认知负荷，释放了心智能力，从而让你可以将注意力分配给其他任务。[43]

尽管习惯会提高效率，但有些人仍然对习惯的益处存疑。他们会这样设问："习惯会不会让我的生活变得枯燥乏味？我不想把自己禁锢在我并不喜欢的生活方式中。凡事都按部就班、中规中矩，难道不会带走生命的活力和自发性吗？"这几乎是不可能的。这种非黑即白的设问本身就是错误的。它们让你觉得自己必须在养成习惯和获得自由之间做出选择，但实际上，两者相得益彰。

习惯不会限制自由，它们会创造自由。事实上，没有建立习惯的人往往享有最少的自由。如果没有良好的财务习惯，你将永远为生计苦苦挣扎；没有良好的健康习惯，你似乎总会感觉肾虚气短；没有良好的学习习惯，你会觉得自己跟不上时代前进的步伐。如果你总是被迫做简单的决定，诸如我该什么时候去健身、我去哪里写文章比较好、我该什么时候付账单，等等，那么你自由支配的时间相应地就会减少。只有让生活的基本要素变得更容易，你才能创造自由思考和创造力所需的精神空间。

反过来看，当你固有的习惯适时发挥作用，生活中的基本问题会得到妥善解决，你的头脑可以自由地专注于新的挑战并给出接下来的问题的解决方案。现在养成习惯会让你在未来做更多你想做的事情。

习惯发挥作用的原理

养成习惯的过程可以分为四个简单的步骤：提示、渴求、反应和奖励。① 将它分解成这些有趣的部分可以帮助我们了解什么是习惯、它是如何工作的，以及如何改进它。

```
   提示   |   渴求   |   反应   |   奖励
    1         2         3         4

时间 ──────────────▶
```

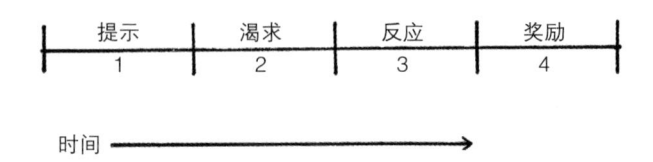

图5：所有习惯的形成都会经历相同的四个阶段：提示、渴求、反应和奖励

这个四步模式是每个习惯的核心支柱，你的大脑每次都以同样的顺序运行这些步骤。

首先，提示。这个提示触发你的大脑启动某种行为举止。这是预测奖励的零碎信息。我们的史前祖先会特别留意那些表明重要奖励（如食物、水和异性）所在的线索或提示。今天，我们的大部分时间用于寻求次要奖励的线索，比如金钱和名誉、权力和地位、赞扬和认可、爱情和友谊，或者个人满足感（当然，这些追求也间接提高了我们生存和繁殖的概率，这是我们做一切事情的深层动机）。

你的头脑在不断分析你的内外部环境，寻找奖励所在的线索。因为线索是我们已然接近奖励的第一个迹象，它自然会导致人们滋生渴求。

---

① 查尔斯·都希格的《习惯的力量》一书提到了这些术语。都希格写了一本很棒的书，我是想进一步发挥他点到即止的内容，通过将这些阶段整合为四个简单步骤的方式，帮助大家在生活和工作中养成更好的习惯。

其次，渴求，也是每个习惯背后的动力。没有某种程度的动机或欲望——不渴求改变——我们也就没有采取行动的理由。你渴求的不是习惯本身，而是它带来的状态变化；你渴求的不是吸烟，而是吸烟带给你的解脱感；你渴求的不是刷牙，而是清洁的口腔带给你的愉悦感。你打开电视的原因不过是你想娱乐。每一种渴求都与改变你内在状态的强烈愿望有关联。这一点很重要，我们稍后将详细讨论。

渴求因人而异。理论上，任何一条信息都可能引发渴求，但实际上，驱使人们采取行动的提示多种多样。对于赌徒来说，老虎机特有的声音可能是引发强烈欲望的强力触发器；对于很少赌博的人来说，赌场里此起彼伏的铃声只是背景噪音。在得到人们解释之前的提示是没有意义的。观察者的思想、感觉和情感是将提示转化为渴求的原因。

再次，反应。反应是你的实际习惯，它的形式可分为思想上的或行动上的。反应发生与否取决于你有多大的动力，以及所要采取的行动的难易程度。如果一个特定的行动需要你付出超预期的体力或脑力，那么你不会去做。你的反应也取决于你的能力。这听起来很简单，但是只有当你有能力做到的时候，习惯才会出现。如果你想扣篮，可又跳不高，根本够不着篮筐，那就算了吧，今后可以不用想这件事了。

最后，奖励。获得奖励是养成每个习惯的最终目标。提示的作用是让你注意到奖励的存在。渴求是想要得到奖励，反应则是获得奖励。我们追求奖励是因为其有两个作用：（1）满足我们的需求；（2）对我们有教益。

奖励的首要作用是满足你的渴求。是的，奖励本身就是益处。食物和水提供给你生存所需的能量，获得晋升会带来更多的金钱和尊重，保持身材可以改善你的健康状况，提高约会的成功率。但更直截了当的好处是，奖励满足了你对吃东西、获得地位或赢得认可的渴求。奖励能在短时间内让你感到心满意足，暂时得到解脱。

其次，奖励教会我们哪些行为值得记住并可以应用于未来。你的大脑是奖励探测器。在你的一生中，你的感觉神经系统会不断监测哪些行为能满足你的欲望并带来快乐。快乐和失望的感觉是反馈机制的一部分，帮助你的大脑区分有用和无用的行为。[44] 奖励会终结反馈回路，完成整个习惯形成的循环。

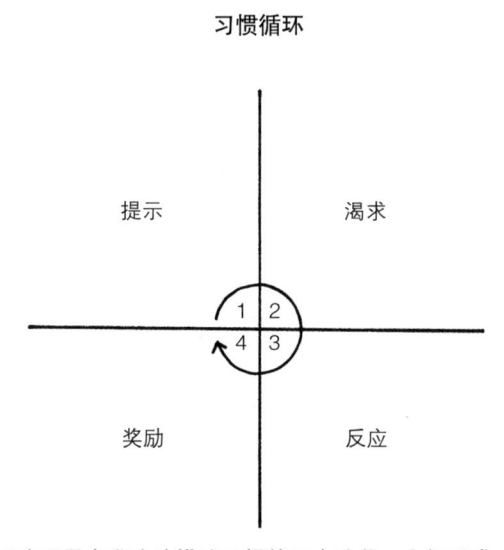

习惯循环

```
         提示    |    渴求
                |
         ———————+———————
                |
         奖励    |    反应
```

图6：反馈回路可用来准确地描述习惯的四个阶段。它们形成一个无止境的循环，只要你活着，它就一刻不停地运行。这个"习惯循环"不断地扫描环境，预测下一步会发生什么，尝试不同的反应，并从结果中汲取经验教训[①]

---

① 值得指出的是，查尔斯·都希格和尼尔·埃亚尔对这个图示有着重要影响。习惯循环的这种图解结合了都希格的书《习惯的力量》所推广的表述方式，以及埃亚尔的书《上瘾》所推广的图形设计。

如果一种行为在这四个步骤中的任何环节做得不够，那么它就不会成为习惯。消除提示，你的习惯形成循环永远不会开始。降低渴求，你就不会有足够的动力去行动。让行动变得困难，你将无法付诸实施。如果奖励不能满足你的欲望，那么未来你就没有理由再这样做了。没有前三步，就不会有任何行为发生。没有这四个步骤，任何一种行为都不会得以重复。

总的来说，提示，触发渴求；渴求，激发反应；而反应，则提供满足渴求的奖励，并最终与提示相关联。这四个步骤一起形成了一个神经反馈回路——提示、渴求、反应、奖励，提示、渴求、反应、奖励——并最终让你养成自然而然的习惯，由此构成完整的习惯循环。

这个四步过程不是偶然发生的，而是一个无止境的反馈回路，在你活着的每一刻都在运行和活跃——甚至现在。大脑不断扫描环境，预测接下来会发生什么，尝试不同的反应，并从结果中汲取经验教训。整个过程在瞬间完成，而我们一次又一次地应用它，却没有认识到此前的那一刻接收了什么信息。

我们可以将这四个步骤分成两个阶段：问题阶段和解决阶段。问题阶段包括提示和渴求，也就是当你意识到有些事情需要改变的时候；解决阶段包括反应和奖励，也就是当你采取行动并实现你想要的改变的时候。

问题阶段		解决阶段	
1. 提示	2. 渴求	3. 反应	4. 奖励

所有的行为都是由解决问题的欲求驱动的。有的时候，你要解决的问题是你注意到一些好东西，你渴望得到它。另一些时候，

你要解决的问题是你经受着痛苦的折磨,你渴望减轻这种折磨。不管怎样,每个习惯的目的都是解决你面临的问题。

在下面的表格中,你可以看到一些现实生活中的例子。

想象一下走进黑暗的房间,打开电灯开关。这个简单的动作你已经重复了无数遍,因此,你可以不假思索就做完它。就在一刹那之间,你完成了四个步骤。当时支配你的只有简单的行动的冲动。

问题阶段		解决阶段	
1. 提示	2. 渴求	3. 反应	4. 奖励
你的手机发出嗡嗡声,提示收到了一条短信息	你想要知道消息的内容	你抓起手机,打开那条消息开始读	你满足了想要读那条消息的愿望。抓起手机与你的手机嗡嗡作响之间建立了关联
你在回复电子邮件	你觉得工作过于紧张,忙得不可开交。你希望自己有一切都在掌控之中的感觉	你咬自己的指甲	你满足了自己减轻压力的愿望。咬指甲与回复邮件之间建立了关联
你睡醒了	你想打起精神	你喝了一杯咖啡	你满足了自己打起精神的愿望。喝咖啡与睡醒觉之间建立了关联
你走在办公室附近的街上的时候闻到了甜甜圈的味道	你想吃甜甜圈	你买了甜甜圈并吃了它	你满足了自己吃甜甜圈的愿望。买甜甜圈与走在办公室附近的街上之间建立了关联
你在工作上的项目遇到了"拦路虎"	你感觉无能为力并渴望得到解脱	你掏出手机,登录并浏览社交媒体	你满足了精神放松的愿望。登录并浏览社交媒体与你工作上的项目毫无进展之间建立了关联
你走进了黑屋子	你想要看到屋里的状况	你开了灯	你满足了自己要看到的愿望。开灯与置身于黑屋子之间建立了关联

成年后，我们很少再注意支配着我们生活的那些习惯。我们中的大多数人从来不会注意到这样的事实：每天早上，我们总是先系上左脚或右脚上那只鞋的鞋带，每次使用完面包机都会拔掉插头，或者下班回家后总是换上舒适的衣服。经过几十年的心理规划，我们会习以为常，自然而然地表现出这些思维和行为模式。

行为转变四大定律

在接下来的章节中，我们将一次又一次地看到提示、渴求、反应和奖励这四个步骤究竟会怎样影响我们日常所做的每一件事。但是在此之前，我们需要将这四个步骤转化为一个实用的框架，我们可以用它来设计养成好习惯并消除坏习惯。

我把这个框架称为行为转变四大定律。它为我们养成好习惯并戒除坏习惯提供了一套简单的规则。你可以把每一条定律看作影响人类行为的杠杆。当杠杆处于正确的位置时，养成好习惯不费吹灰之力。但当它处于错误的位置时，养成好习惯就变得几乎不可能了。

	如何养成好习惯
第一定律（提示）	让它显而易见
第二定律（渴求）	让它有吸引力
第三定律（反应）	让它简便易行
第四定律（奖励）	让它令人愉悦

我们可以反其道而行之，以戒除坏习惯。

	如何戒除坏习惯
第一定律反用（提示）	让它无从显现
第二定律反用（渴求）	让它缺乏吸引力
第三定律反用（反应）	让它难以施行
第四定律反用（奖励）	让它令人厌烦

假如我说这四条定律基本囊括了改变人类所有行为的无以复加的框架，那是不负责任的，但我认为它们已经很接近了。正如你很快会看到的那样，行为转变四大定律几乎适用于所有领域，从体育到政治，从艺术到医学，从喜剧到管理。无论你面临什么样的挑战，都可以应用这些定律，不需要采取完全不同的策略予以应对。

每当你想改变你的行为时，可以问自己几个简单的问题：

1. 我怎样才能让它显而易见？
2. 我怎样才能让它有吸引力？
3. 我怎样才能让它简便易行？
4. 我怎样才能让它令人愉悦？

如果你曾经有过这样的疑问："为什么我不照自己说的去做呢？为什么我不减肥或者戒烟，或者为退休存钱，或者开始做兼职呢？为什么我说某事很重要，但似乎从来都不为它抽出些时间？"这些问题的答案都能从这四条定律中找到。养成好习惯和戒除坏习惯的关键是理解这些基本定律，并掌握根据你的具体情况加以调整的技巧。如果你设定的每个目标都违背人性，那它注定会失败。

你的习惯是由你生活中的各种系统塑造的。在接下来的章节中，我们将对这几条定律一一加以探讨，并展示如何利用它们来创立一个体系，在这个体系中，好习惯自然出现，坏习惯逐渐消失。

本章小结

> 习惯是一种行为，因为重复的次数已经足够多，便可以自然而然地出现。
> 习惯的最终目的是用尽可能少的精力和努力来解决生活中的问题。
> 任何习惯都可以分解成一个反馈回路，它包括四个步骤：提示、渴求、反应和奖励。
> 行为转变四大定律是一套我们可以用来养成好习惯的简单规则。它们是：（1）让它显而易见；（2）让它有吸引力；（3）让它简便易行；（4）让它令人愉悦。

第一定律

让它显而易见

第 4 章

看着不对劲的那个人

心理学家加里·克莱因（Gary Klein）曾给我讲过一个故事，是关于一个参加家庭聚会的女士的。[45]这位女士做了多年护理工作，在刚刚到达聚会地点后，只是看了她公公一眼，就不由得有些担忧。

"我觉得你的样子看着不对劲。"她说。

她的公公自我感觉非常好，开玩笑地回答说："嗯，我也不喜欢你的样子。"

"不，"她坚持说，"你需要马上去医院。"

几个小时之后，她的公公开始接受救命的手术，因为经医院检查发现，他有条大动脉堵塞，随时面临心脏病发作的危险，多亏他儿媳妇的判断救了他。

这位医护人员看到了什么？她怎么会预先知道她的公公有可能犯心脏病？

当主动脉阻塞时，身体会全力向关键器官输送血液，而靠近皮肤表面的周边位置将供血不足，由此导致面部血液分布模式改变。由于多年近距离接触心脏病患者，这位女士在不知不觉中具备了一眼就能识别这种模式的能力。她无法解释她从公公脸上看到了什么，但她知道有些不对劲。

其他领域也存在类似的故事。例如，军队的分析员可以识别在雷达屏幕上闪烁的哪个光点是敌方导弹、哪个光点是他们自己舰队的飞机，即使它们以相同的速度和高度飞行，并且在雷达上看起来几乎完全一样。[46]在海湾战争期间，海军少校迈克尔·赖利（Michael Riley）下令击落了一枚导弹，从而拯救了一艘战舰——尽管在雷达上它看起来完全像自家的飞机。他做出了正确的决定，但是就连他的上级指挥官也无法解释他是如何做到的。

众所周知，博物馆馆长具有辨别真伪的特殊能力，识别真品自不待言，做得再逼真的赝品也难逃其法眼，但他们自己也不能准确地告诉你，究竟是哪些蛛丝马迹让假货露出了马脚。[47]经验丰富的放射学家能在观察脑部扫描片时，准确预知哪个部位会发生中风，但缺乏训练的人只能看到明显的病变，无法做出预测。[48]我甚至听说理发师仅仅根据客户头发的触感就能知道客户是否怀孕了。

人脑是一台预测机器。[49]它不断地感知你周边的环境，并分析和处理它所接收的所有信息。每当你反复经历一些事情——比如医护人员看到心脏病患者的脸，或者军事分析员看到雷达屏幕上的导弹——你的大脑就会开始注意到哪些是重要的，从纷杂的细节中梳理出相关线索，并将这些信息分门别类以备将来使用。

只要进行足够的练习，你就可以不假思索地拾取预测特定结果的提示。你的大脑将自动编码经验教训。我们并不总是能解释清楚我们正在学什么，但是学习的过程一直没有停歇，而你在特定情况下注意到相关线索的能力是你每个习惯的基础。

我们低估了大脑和身体的自动回应能力。你不会告诉身体你的头发要生长、你的心脏要泵血、你的肺要呼吸,或者你的胃要消化。然而,你的身体一直在自动处理着这一切以及更多的事。作为整体的你远远大于有意识的自我。

想一想饥饿。你怎么知道你什么时候会饿?你不必看到台面上有块饼干,才能意识到该吃饭了。食欲和饥饿是由下意识控制的。你的身体内部存在各种各样的反馈回路,负责提醒你何时该再次进食了,并且监控你周边以及你体内发生的事情。由于激素和化学物质在你体内循环,你会产生渴求。突然间,你感觉饿了,但你想不明白究竟是什么在给你通风报信。

这是关于我们习惯的令人惊异的洞见之一:你不需要意识到启动习惯进程的提示。你可以注意到一个机会并采取行动,而不需要有意识地关注它。这就是习惯具备效用的原因。

这也是让习惯变得危险的原因。随着习惯的形成,你的行为会受到你的潜意识的支配。你会身不由己地陷入旧的模式而不自知。除非有人明确指出,否则你可能不会注意到:每当你笑的时候,便会用手捂住嘴;在提问之前先道歉;或者你有接别人话茬儿的习惯。你重复这些模式的次数越多,你就越不可能质疑自己在做什么以及为什么要这样做。

我听说过一名售货员的趣事。每当顾客用完礼品卡上的余额后,他都会按照店里的规定把空卡一剪两半。有一天,店员连续接待了几个刷光礼品卡的顾客。当下一位顾客走上前来时,店员刷了顾客的信用卡,拿起剪刀,然后把它剪为两半。[50] 他的整套动作连贯自如,完全是自动进行的。等他完成这一系列动作后,一抬头才看到目瞪口呆的顾客,并意识到刚才发生了什么。

我在研究中遇到的另一位女性曾是学前班教师,转行做了公司职员。尽管她现在和成年人共事,但她很难改掉老习惯,时不时会问同事们上卫生间后是否洗了手。[51] 我还听说过曾经做了多年救生员的人的故事，有时看到奔跑的小孩子，他会冲着孩子大喊："别跑，慢点儿走！"[52]

随着时间的推移，触发我们习惯的提示变得实在太普遍了，以至于我们基本上对它们视而不见：厨房台面上的零食、沙发边上的遥控器、口袋里的手机。我们对这些提示的反应已嵌入我们头脑的深处，以至于我们根本意识不到它们的存在，因此也就不知道采取行动的冲动从何而来。出于这个理由，我们必须有意识地开启行为转变的进程。

在我们能够有效建立新习惯之前，我们需要把握好当前的习惯。这可能听起来容易，但做起来难，因为一旦习惯在你的生活中牢牢扎根，它多半是无意识的和不假思索的。如果某个习惯一直是机械的，你就不能指望它会得到改善。正如心理学家卡尔·荣格（Carl Jung）所说："除非你让无意识意识化，否则它将支配你的生活，而你会称之为命运。"[53]

习惯记分卡

日本铁路系统被认为是世界上最好的铁路系统。如果你在东京坐火车，你会注意到那里的工作人员有种很特别的习惯。

列车运行期间，所有的司机都会不时地指向不同物体并喊出指令，那场面就像是在举办某种仪式。当列车接近信号设施时，司机会指着它说："信号灯是绿色的。"当火车进出车站时，司机会指着速度表，并喊出上面显示的速度值；当列车离站时，司机会指向时间表并喊出显示的时间。在站台上，其他员工也在做出类似的动作。在每列火车开出之前，工作人员会指着站台边缘宣布

"一切安全",每个细节都被识别、指出并大声喊出。①

这一过程被称为"指差确认",是一套安全系统,旨在减少人为失误。[54] 它看起来有些傻,但是它的效果极佳。"指差确认"减少的错误高达85%,并让事故发生率降低了30%。纽约市大都会运输署管理的地铁系统采用了"指差确认"的修改版本,只保留了"指差"部分,"在实施的两年内,地铁停靠不当的事件减少了57%"。[55]

"指差确认"之所以如此有效,是因为它把下意识的习惯提升到了有意识地加以确认的水平。因为列车司机必须做到眼、手、嘴和耳朵并用,这样可以确保他们提前注意到事故隐患。

我妻子做了类似的事情。每当我们准备出门旅行时,她都会口头上说出最重要的装箱物品。"我拿了钥匙,我带了钱包,我戴好了眼镜,我还有丈夫陪着。"

一种行为的自动化程度越高,我们就越不可能有意识地去想它。当我们将同样的事做过无数遍以后,便开始有些漫不经心。我们假设下一次和上次完全一样。我们一遍一遍地做某些事,久而久之,我们习以为常了,只是机械地重复着,根本不会对我们所做的事是否正确提出任何质疑。我们表现失败大多应该归因于缺乏自我意识。

我们在改变习惯方面面临的最大挑战就是一直能保持警觉,

---

① 在访问日本时,我亲眼看到了这种策略拯救了一名女性的生命。她带着小儿子去搭乘新干线旅行。新干线是日本著名的高铁之一,时速超过200英里。就在列车车门关闭的一瞬间,她的小儿子登上了列车,而她站在月台上,她伸出手去抓他时,胳膊被车门夹住。她的胳膊被夹住,而列车即将起动,就在千钧一发之际,正在对站台执行"指差确认"的铁路员工发现了那个女人的异常情况,并设法阻止了列车启动。车门被打开了,那个女人泪流满面地奔向她的小儿子。1分钟后,列车安全驶离。

知道我们实际上在做什么。这有助于解释为什么坏习惯的后果会如影随形，暗暗地影响着我们。我们的个人生活需要一个"指差确认"系统。这就是习惯记分卡的由来。这是一个简单的练习，你可以用它来更好地了解自己的行为。要创建自己的记分卡，就要先列出你的日常习惯。

下面是列表的示例：

- 醒来
- 关闹钟
- 查看手机短信
- 上卫生间
- 称体重
- 洗澡

- 刷牙
- 用牙线清洁牙齿
- 涂抹除臭剂
- 晾毛巾
- 穿衣服
- 泡一杯茶

....

一旦你有了完整的清单，查对每个行为，问自己："这是好习惯、坏习惯还是中性习惯？"如果是好习惯，就在旁边标注"+"；如果是坏习惯，就标注"–"；如果是中性习惯，标注"="。

例如，上面的列表可以是这样的：

- 醒来 =
- 关闹钟 =
- 查看手机短信 –
- 上卫生间 =
- 称体重 +
- 洗澡 +

- 刷牙 +
- 用牙线清洁牙齿 +
- 涂抹除臭剂 +
- 晾毛巾 =
- 穿衣服 =
- 泡一杯茶 +

你对某个特定习惯的标注将取决于你的处境和目标。对于想要减肥的人来说，每天早上吃个抹上花生酱的面包圈可能算是个坏习惯；对于想要增强体魄、增加肌肉量的人来说，同样的行为可能是个好习惯，是好是坏完全取决于你当时的努力方向。①

此外，给你的习惯打分稍显复杂还另有原因。"好习惯"和"坏习惯"的标签有点不准确。其实没有好习惯与坏习惯，只有有效的习惯。也就是说，它在解决问题上很有效。所有的习惯都在某种程度上为你服务——甚至是坏习惯——这就是你重复这些习惯的原因。在这个练习中，你以长远的角度看，哪些习惯会带来什么好处或坏处，以此作为标准来给自己的习惯分门别类。总的来说，好习惯会带来正面结果，坏习惯则会带来负面结果。吸烟可能会减轻你当下感到的压力（这是吸烟对你的好处），但长期来看，这属于不健康的行为。

如果你仍然难以确定该怎样评价某个特定的习惯，你可以试试我常问自己的问题："这种行为是否有助于我成为我希望成为的那种人？这个习惯是支持还是反对我想要的身份？"强化你理想身份的习惯通常是可取的，与你想要的身份相冲突的习惯通常是不可取的。

当你创建习惯记分卡时，一开始没有必要改变任何东西。记分的目标只是提醒你注意实际发生的事，就这么简单。观察你的思想和行为，不要急于做出判断或自我批评。不要因为有缺点而责怪自己，也不要因为有所成就而自我褒奖。

如果你每天早上都吃巧克力棒，大胆承认它，就像你在看别人一样。噢，他们竟会做这种事，简直太有趣了。如果你暴

---

① 对此感兴趣的读者可以登录 jamesclear.com/atomic-habits 获得记分卡的模板，用于创建自己的习惯记分卡。

饮暴食，只需注意你摄入的热量远超你应该摄入的量。如果你在网上浪费太多时间，要注意这种生活方式并不是你真正想要的。

改掉不良习惯的第一步是对它们保持警觉。如果你觉得自己需要额外的帮助，那么你可以试着在自己的生活中进行"指差确认"。大声说出你想采取的行动和你预期的结果。如果你想戒除吃垃圾食品的习惯，但注意到自己又拿起了一块饼干，你可以大声说："我要吃这块饼干，但我并不需要它。吃掉它会导致我体重增加，损害我的健康。"

听到你大声说出的坏习惯会让后果显得更加触手可及。这增加了行动的难度，从而防止自己不知不觉落入本想摆脱的窠臼。即使是你只想提醒自己该办哪些事，这种方法也很有用。只需大声说出"明天午饭后，我要去邮局"，就能提高你去的可能性。你以这种方式让自己认识到行动的必要性，而这的确会让你的生活大有改观。

行为转变的过程总是始于自觉。像"指差确认"以及习惯记分卡这类做法会专门帮你认清自己的习惯并认识到触发它们的提示，这使得你有可能以对你有益的方式做出反应。

本章小结

- 有了足够的练习，你的大脑会不假思索地拾取预测特定结果的提示。
- 一旦习惯成自然，我们就不再关注自己在做什么。
- 行为转变的过程总是始于自觉。在你想改变习惯之前，你需要首先了解它。
- 通过说出你的行动，"指差确认"将你的意识程度从无意识的习惯状态提升到警觉的水平。
- 习惯记分卡是个简单的练习，你可以用它来深入了解自己的行为。

第 5 章

培养新习惯的最佳方式

2001 年,英国的研究人员与 248 个人合作,打算用两周时间培养他们更好的健身习惯。[56] 这些受试者被分为三组。

第一组是对照组。他们要做的很简单,只需跟踪观察自己健身活动的频率。

第二组是"动力"组。他们不仅要跟踪观察自己健身活动的频率,还要阅读一些关于锻炼有哪些益处的材料。研究人员还向该小组成员解释了运动何以能降低患冠心病的风险并改善心脏健康。

第三组的受试者接受了与第二组相同的陈述,这确保了两组受试人员具有同等水平的原动力。然而,研究人员向他们提出了额外要求,即他们需要为接下来的一周制订计划,明确何时何地进行锻炼。具体地说,第三组的每个成员都完成了下面这句话:"下周,我将于 × 日 × 时 × 地进行为时至少 20 分钟的剧烈运动。"

在第一组和第二组中,35% ~ 38% 的人每周至少锻炼了 1 次。(有趣的是,提供给第二组的动机陈述似乎对他们的行为缺乏任何实质上的影响。)但是第三组中 91% 的人每周至少锻炼 1 次——比正常频率高一倍以上。

他们填写的句子被研究人员称为执行意图，亦即事先就何时何地行动制订的计划。也就是说，你打算如何培养一个特定习惯。

触发习惯的提示以多种形式出现：手机在口袋里嗡嗡作响的感觉、巧克力饼干的诱人味道、救护车警报器的鸣声——但是最常见的两种提示是时间和地点。执行意图利用的就是这两个提示。

总的来说，创立执行意图的格式是：

"当 X 情况出现时，我将执行 Y 反应。"

数百项研究结果表明，无论是写下将要注射流感疫苗的确切时间和日期[57]，还是记录结肠镜检查的预约时间[58]，执行意图都是确保我们不改初心的有效方法。[59] 它们提高了人们坚持物品回收、学习、早睡和戒烟等习惯的可能性。

研究人员甚至还发现，当人们被迫通过回答诸如"你要走哪条路去投票站？你打算什么时候去？哪路公共汽车会送你去那里？"这样的问题来创立执行意图时，投票率会有所提高。[60] 政府实施的其他成功项目促使民众制订按时缴税的明确计划，或者清楚地告知民众该在何时何地支付逾期交通罚单。[61]

其中的妙处很清楚：人们就何时、何处、具体做什么制订出具体计划后，就会更有可能贯彻执行。[62] 很多人都想改掉他们的习惯，但因为缺乏这些明确的细节而不了了之。我们会告诉自己"我会吃得更健康"或者"我会写得更多"，但是我们从来没有明确说出会在何时何地采取这些行动。我们只是顺其自然，希望自己会"记得去做"，或者心血来潮时再去做。而执行意图会彻底消除模棱两可的说法，比如"我想做得更多"或"我想更有成效"或"我应该投票"，并将它们转化为切实可行的计划。

许多人认为他们缺乏做事的动力，但实际上他们真正缺乏的是明确的计划。计划在何时何地采取行动并不总是容易做到的。有些人耗费一生都等不到自我提高的成熟时机。

一旦设定了执行意图,你就不必等待灵机一动的那一刻。我今天该不该再写一章?我今天该在早上还是午餐时间打坐?当行动的时刻到来时,根本不需要再做决定。简单地按照你的预定计划去做即可。

将此策略应用于你习惯的简单方法是完成以下这句话:
我将于 [时间] 在 [地点] 做 [行为]。

> 冥想。早晨 7 点,我将在厨房冥想 1 分钟。
> 学习。下午 6 点,我将在卧室学 20 分钟西班牙语。
> 健身。下午 5 点,我将在本地健身房锻炼 1 个小时。
> 婚姻。早晨 8 点,我会在厨房给我的伴侣沏杯茶。

如果你不确定什么时候开始培养你的习惯,试试某周、某月或某年的头一天。人们更有可能在这类时间段开始行动,因为此时人们通常会满怀期望。[63] 只要我们有期望,就有足够的理由采取行动。新的开始总是让人感到欢欣鼓舞。

创立执行意图还有另一个好处,明确你想要什么并且具体化实现的路径,将有助于摒弃妨碍你进步、分散注意力,或让你偏离正轨的事情。我们经常会满口应承七零八碎的请求,因为我们闲得无聊,实在不知道除此之外还能做什么。当你的梦想模糊不清时,你很容易整天任由时间耗费在一些琐事上,无暇顾及为了取得成功而必须做的具体事宜,并且总是能给自己的这种状况找到借口。

你需要给予你的习惯在这个世界上存在的时间和空间。这样做的目的在于让时间和地点变得显而易见，以至于只要反复去做，积累到一定次数后，你就会具备在恰当的时间做该做的事的冲劲，就连你自己都不能解释为什么会这样。正如作家贾森·茨威格（Jason Zweig）所指出的那样："很显然，若是缺乏刻意的努力，你永远都不会主动去健身。但是就像听见铃声就流口水的狗一样，条件反射在你身上的作用，就是让你在本该健身却尚未开始的时候感到坐立不安。"[64]

在你的生活和工作中，存在许多执行意图的应用方式。我最喜欢的方式是我从斯坦福大学教授 B. J. 福格（B. J. Fogg）那里学到的，我把它称为习惯叠加[65]的策略。

习惯叠加：颠覆你的习惯的简单计划

法国哲学家德尼·狄德罗（Denis Diderot）[66]几乎一生都生活在贫困之中，但在 1765 年的某一天，他时来运转了。

狄德罗的女儿即将结婚，他负担不起婚礼的费用。尽管缺乏物质财富，但狄德罗作为当时最全面的《百科全书》联合创始人及作者而闻名遐迩。当俄罗斯帝国女皇凯瑟琳大帝（Catherine）听说狄德罗生活拮据后，不禁对他心生怜惜。她酷爱读书，尤其喜欢读他的《百科全书》。凯瑟琳大帝提出斥资 1000 英镑（折合如今的 15 万美元）①购买狄德罗的个人图书馆。

就在一夜之间，狄德罗变得阔绰了。凭借这笔财富，他不仅为女儿的婚礼买了单，还为自己买了一件猩红色的长袍。[67]

---

① 除了支付图书馆的费用，凯瑟琳大帝还要求狄德罗替她保管好这些书，并向他支付年薪，让他担任图书管理员。

这件红袍十分漂亮。事实上，它太漂亮了，在周边那些普通物件中间过于醒目，显得极不协调。他写道，在他那件优雅的长袍和其他用品之间"再无协调、一致和美妙"[68]可言了。

狄德罗旋即滋生了升级生活品质的欲望。他用大马士革地毯替换了原来的地毯。他用昂贵的雕塑装饰他的家。他在壁炉架上安放了镜子，还购置了更豪华的厨房台面。他坐上了真皮椅子，把旧草椅弃置一旁。就像倒下的多米诺骨牌一样，他一件接着一件地把家里的用品更新换代。

狄德罗的行为并不少见。事实上，一次购买行为导致的连锁反应还有个名称：狄德罗效应。[69]狄德罗效应指出，人们买入新用品后，往往会导致螺旋上升的消费行为，最终买入更多的东西。

你几乎在任何地方都能发现这种模式。你买了新衣服，就必须买新鞋子和耳环来搭配；你买了新沙发之后，会突然发现整个客厅的布局都不顺眼；你给你的孩子买了新玩具，随即发现还得附带全套配件。这就是所谓的连锁购买反应。

许多人类行为遵循这一循环。你经常会根据刚刚完成的工作来决定下一步该做什么。去洗手间就要洗手并擦干手，这又提醒你需要把脏毛巾放进洗衣筐里，于是你的购物清单上还要添加洗衣粉，等等。任何行为都不是孤立的。每个动作都成为触发下一个动作的提示。

这为什么很重要？

当谈到培养新习惯时，你可以充分利用行为的关联性。建立新习惯的最佳方法是确定你已有的习惯，然后把你的新行为叠加在上面。这叫作习惯叠加。

习惯叠加是执行意图的一种特殊形式。与其在特定的时间和地点培养新习惯，不如将它与当前的习惯整合。这种方法是由 B. J. 福格作为其小习惯项目的一部分创建的。[70] 它可被用来为几乎任何习惯设计显而易见的提示。①

习惯叠加的公式是："继 [当前习惯] 之后，我将 [新习惯]。"

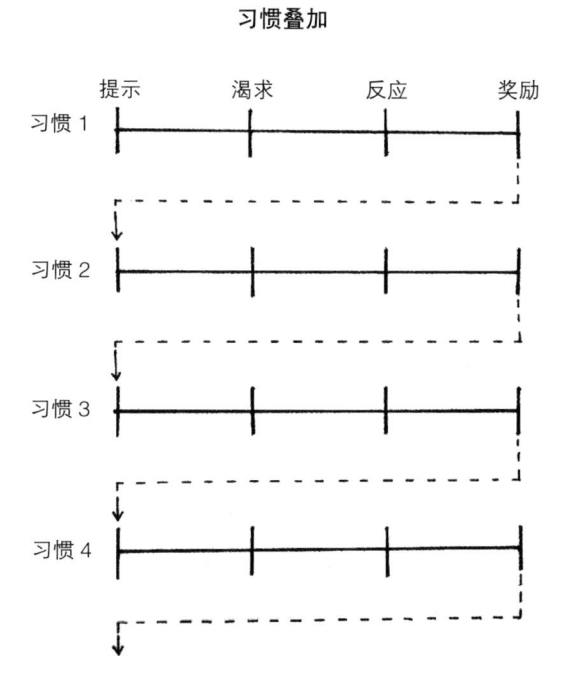

习惯叠加

图 7：习惯叠加通过将新行为叠加在旧行为之上，增加了你坚持习惯的可能性。这个过程可以重复进行，以将许多习惯联系在一起，每一个习惯都是下一个习惯的线索

---

① 福格将这一策略称为"小习惯食谱"，但我将在整本书中称之为习惯叠加公式。

例如：

- ➢ 冥想。每天早上倒完咖啡后，我会冥想 1 分钟。
- ➢ 健身。脱下上班穿的鞋后，我会立即换上运动装。
- ➢ 感恩。坐下来吃晚饭时，我会说出当天令我感激的一件事。
- ➢ 婚姻。夜里上床睡觉时，我会亲吻一下我的伴侣。
- ➢ 安全。穿上跑鞋后，我会给朋友或家人发短信，告诉他们我在哪里跑步、需要多长时间。

关键是把你想要的行为和你每天已经在做的事情关联起来。一旦掌握了这个基本结构，你就可以通过将各个小习惯串联起来创建更厚重的习惯叠加。这使你得以充分利用一种行为牵连出另一种行为的自然反应——狄德罗效应的积极版本。

你每天早上的日常习惯可能是这样的：

1. 在倒完早晨的咖啡后，我会冥想 60 秒钟。
2. 冥想 60 秒后，我会写下当天的待办事项。
3. 写完当天的待办事项后，我将立即着手做第一件事。

或者，你晚间的习惯叠加如下：

1. 吃完晚饭后，我会把盘子直接放进洗碗机。
2. 收拾完盘子之后，我会马上把厨房台面清理干净。
3. 清理完台面后，我会备好第二天早上需要用的咖啡杯。

你还可以在当前这些习惯性动作之间插入新的行为。例如，你可能已经有一个早上的例行程序，看起来像这样：醒来→叠被子→洗澡。假设你想养成每天晚上多读书的习惯，你可以扩展你的习惯，叠加成这样：醒来→叠被子→在枕头上放本书→洗澡。现在，当你每天夜里上床睡觉时，就会有读书的乐趣等待着你。

总的来说，习惯叠加允许你创建一套简单的规则来指导你未来的行为。这就像你总是提前计划好了接下来应该采取什么行动。一旦适应了这种方式，你就可以开发出通用的习惯叠加，一旦遇有恰当的时机，它们就会发挥指导作用：

> 健身。当看到楼梯时，我会走楼梯，而不是使用电梯。
> 社交技能。当参加聚会时，我会走向我还不认识的人并做自我介绍。
> 财务状况。当想买超过 100 美元的东西时，我会等 24 小时后再买。
> 健康饮食。当盛饭时，我总是先把蔬菜放在盘子里。
> 极简主义。每当买一件新物品，我都会送些东西给别人。（"一进一出"[71]）
> 心情。当电话铃响时，我会深吸一口气，微笑着接电话。
> 健忘。当离开公共场所时，我会检查桌子和椅子，以确保我没有落下任何东西。

不管你如何使用这种策略，创建成功习惯叠加的秘诀都是选择正确的提示来启动整个进程。与具体说明给定行为的时间和位置的执行意图不同，习惯叠加隐含着相应行动的时间和地点。当你把新习惯融入日常生活时，选择何时以及何处会有截然不同的效果。如果你试图在早上的日常举动中加入冥想，但是早上一切都乱糟糟的，你的孩子不停地跑进房间，那么你可能选择了错误的时间和地点。在行动前，先想想定在哪个时段最有可能成功。当你忙于其他事情时，不要强求自己同时培养另一种习惯。

你的提示出现的频率也应该和你想要培养的习惯一样频繁。如果你想每天都做一件事，但是你把它叠加在只有周一才会发生的习惯上，你的选择肯定不对。

你的习惯叠加需要以恰当的方式触发，而找到正确触发点的重要方式是通过头脑风暴列出你当前的习惯。你可以用上一章的习惯记分卡作为起点，或者，你可以创建一个包含两列的列表。首先列出你每天不间断的习惯行为。①

例如：

- 起床
- 洗澡
- 刷牙
- 穿好衣服
- 煮杯咖啡
- 吃早餐
- 送孩子们去上学
- 工作日开始
- 吃午饭
- 工作日结束
- 换下工作服
- 坐下来吃晚饭
- 关灯
- 上床睡觉

你的实际清单可能会长得多，这只是为了让你明白怎么回事。然后列出每天一定会发生在你身上的所有事情。

例如：

---

① 如果你正在寻找更多的例子和指导，你可以去 jamesclear.com/atomic-habits/habit-stacking 下载一个习惯叠加模板。

- ➢ 太阳升起来了。
- ➢ 你收到了一条短信。
- ➢ 你正在收听的歌结束了。
- ➢ 夕阳西下。

有了这两份清单，你就可以开始寻找把你的新习惯融入你日常生活的最佳位置。

当提示非常具体并可以立即行事时，习惯叠加的效果最好。许多人选择的提示过于模糊，我自己就犯过这种错误。当我想养成做俯卧撑的习惯时，我的习惯叠加到了午饭期间，计划"当我午休时，我会做十个俯卧撑"。乍一听，这还算合理。但是不久之后，我就意识到相关的提示不清楚。我该在吃午饭前还是吃午饭后去做俯卧撑呢？我该在哪里做？就这样，我前后不一地做了几天，随后我改变了习惯叠加的方式："当我合上笔记本电脑准备吃午饭时，我会在办公桌边上做十个俯卧撑。"这下清楚了。

像"多读书"或"吃得更好"这样的习惯是值得保有的，但是这些目标并没有明确指出该如何以及何时采取行动。对此一定要给出明确和具体的说明：在我关上门之后、等我刷完牙后、在我坐到桌子旁边之后。具体化很重要！你的新习惯与特定的提示联系得越紧密，你越有可能及时注意到应该采取行动的时机。

行为转变第一定律是让它显而易见。像执行意图和习惯叠加这样的策略是为你的习惯创造鲜明的提示，并为何时何地采取行动设计清晰的计划和最实用的方法。

本章小结

- 行为转变第一定律是让它显而易见。
- 两个最常见的提示是时间和地点。
- 创立执行意图是一种策略,你可以用它整合新习惯与特定的时间和地点。
- 执行意图的公式是:我将于 [时间] 在 [地点] 做 [行为]。
- 习惯叠加是一种策略,你可以用它来将新习惯与当前习惯进行整合。
- 习惯叠加的公式是:继 [当前习惯] 之后,我将 [新习惯]。

第 6 章

原动力被高估，环境往往更重要

安妮·桑代克（Anne Thorndike）[72]是波士顿马萨诸塞总医院的初级保健医生，有一天，她突发奇想。她相信自己可以改善数以千计医院员工和来访者的饮食习惯，而且丝毫不用改变他们的意志力或原动力。事实上，她根本不打算去劝说他们。

桑代克和她的同事设计了一项为期六个月的研究，来改变医院自助餐厅的"自选餐点布局"。他们从改变餐厅里摆放饮料的方式开始。最初，位于餐厅收银机旁边的冰箱里只有苏打水。研究人员在每个冰箱里都添加了瓶装水供人们选择。此外，他们在整个餐厅里的点餐台旁边放了数篮的瓶装水。主要的冰箱里仍然存放着苏打水，但是现在所有点餐台附近都放了瓶装水。

在接下来的三个月里，医院的苏打水销量下降了 11.4%。与此同时，瓶装水的销量增长了 25.8%。他们对自助餐厅的食物供应也进行了类似的调整，并得到了类似的结果。没有人对在那里吃饭的人说过一句话。

之前　　　　　　　　　之后

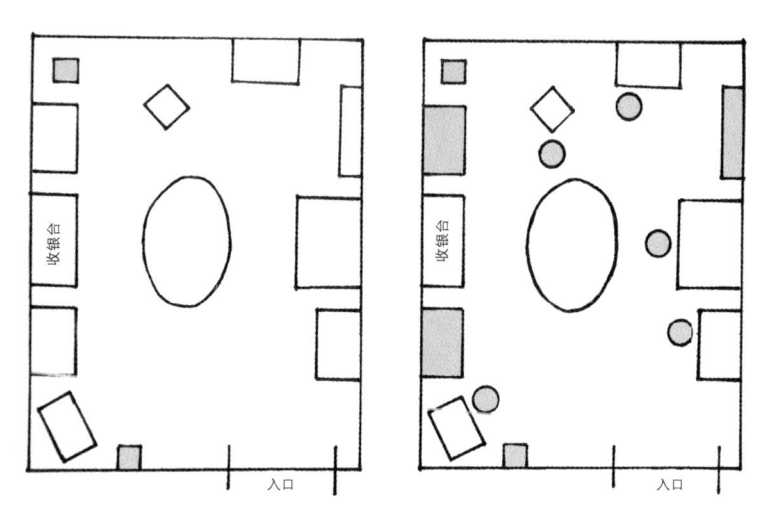

图8：这里展示了在环境设计改变之前（左）和之后（右）自助餐厅的样子。阴影框表示每种情况下都有瓶装水供应的区域。因为环境中的水量增加了，人们的行为自然发生了变化，没有额外的激励

人们选择产品不是因为它们是什么，而是因为它们在哪里。[73] 如果我走进厨房，看到餐台上有一盘饼干，我会拿起饼干开始吃，即使我事先没有想过要吃饼干，也不一定觉得饿。如果办公室的公用台面上总是堆满甜甜圈和硬面包圈，你多半禁不住诱惑，时不时地拿一个吃。你的习惯会根据你所在的房间以及你面前的提示而改变。

环境是塑造人类行为的无形之手。尽管我们有独特的个性，但在特定的环境条件下，某些行为往往会反复出现。在教堂里，人们倾向于低声说话；在黑暗的街道上，人们的警惕性会比较高，行事谨慎。由此来看，最常见的变化形式并非源自内部，而是源自外部：我们被周围的世界所改造。每个习惯都以特定的环境为依托。

1936年，心理学家库尔特·卢因（Kurt Lewin）写了一个等式，它看起来很简单，但意义重大：一个人的行为是个体与环境中各种相关力量相互作用的函数，或者 B（行为）= f（函数）[P（人），E（环境）]。[74]

不久之后，卢因方程式在商业上得到了验证。1952年，经济学家霍金斯·斯特恩（Hawkins Stern）描述了一种他称之为建议式冲动性购买[75]的现象，即"在购物者第一次看到某种产品并想象出对它的需求时触发"的购物行为。换句话说，顾客时常会购买一些产品，其原因并非他们真正需要那些产品，而是那些产品呈现在他们面前的方式。

例如，人们倾向于购买平视时能看到的，而不是放在地上的物品。因此，在商店货架上，最容易被看到和最容易拿到手的地方摆放着昂贵的品牌商品，因为它们带来了更多的利润，而相对便宜的替代品则被放在不显眼的地方。货架端头也是如此，它们是购物通道的末端单元。对于零售商来说，货架的端头是赚钱的利器，因为它们位于最显眼的地方，由此经过的顾客流量最大。例如，可口可乐45%的销售额来自购物通道的货架端头。[76]

产品或服务越是触手可及，你就越有可能去尝试。人们爱喝百威清啤的原因是每个酒吧里都供应它，而人们爱去星巴克的原因是它到处都有。[77]我们喜欢一切尽在自己的掌控之中。假如我们选择了瓶装水而不是苏打水，我们就认为这是因为自己想这样做。而事实上，我们每天采取的许多行动并不是由有目的的驱动和选择决定的，而是因为最得心应手。

每个生物都有自己独特的感知和理解世界的方式。老鹰有非凡的远视力，蛇可以用高度敏感的舌头"品尝空气"而"嗅到"味道，鲨鱼可以探测到附近鱼类在水中产生的微电流和振动，甚至细菌也有化学感受器——微小的感觉细胞，使它们能够检测环境中的有毒化学物质。

在人类中，感知是由感觉神经系统引导的。我们通过视觉、听觉、嗅觉、触觉和味觉来感知世界。但是我们也有其他感知刺激的方法。有些是有意识的，但更多是无意识的。例如，你可以"注意到"暴风雨来临前气温下降、胃痛时肚子里的疼痛加剧，或者在石子路上行走时容易失去平衡。你体内的接收器会接收各种各样的内部刺激，比如你血液中的含盐量升高或者口渴时要喝水。

不过，在人类所有的感官中，能力最强大的是视觉。人体大约有1100万个感觉接收器，其中大约有1000万个是专门用于视觉的。[78] 一些专家估计大脑一半的资源用于视觉。[79] 鉴于我们更倚重视觉而不是任何其他感觉，视觉提示是我们行为的最大催化剂也就不足为奇了。出于这个原因，你所看到的细微变化会导致你行为上的重大转变。因此，你可以想象在这样的环境中生活和工作是多么重要：到处充满着有效提示，而无效提示则被一扫而光。

谢天谢地，这方面有好消息。你不必成为环境的受害者，你也可以成为它的建筑师。

怎样给自己构建志在成功的环境

20世纪70年代的能源危机和石油禁运时期，荷兰研究人员开始密切关注该国的能源消耗情况。在阿姆斯特丹附近的一个郊区，他们发现一些房主使用的能源比其邻居少30%，尽管两者房子的面积相似，支付的电价也一样。

经过一番考察，他们发现，这一带的房屋结构基本一致，只有一个区别：电表所在的位置。有些人家的电表被安装在地下室，而另一些人家则把电表装在楼上的主走廊里。你可能已经猜到其中的奥秘了,在主走廊装电表的家庭用电量较少。当他们的能源消耗状况显而易见并便于监测时,人们会改变他们的行为。[80]

每个习惯都是由提示引发的,我们更有可能注意到显眼的提示。不幸的是,我们生活和工作的环境常常使得我们更容易不去做某些事,因为缺乏明显的提示来触发那种行为。把吉他放在壁橱里,你就不太容易想起要弹吉他;如果书架在客房的角落里,你就不太容易去拿本书读;如果维生素存放在不容易看到的食品柜里,你就很难会经常服用。当激发习惯动作的提示不起眼或隐藏起来时,它们很容易被忽略。

相比之下,创造鲜明的视觉提示会把你的注意力引向你想要的举动。20世纪90年代初期,阿姆斯特丹史基浦机场的清洁人员在每个小便池的中心位置贴了一个看起来像苍蝇的小标签。显然,当男人走向小便池时,他们瞄准了他们认为是臭虫的东西。这些贴纸帮他们提高了瞄向目标的准确度,从而显著减少了遗洒在小便池周围的尿液。进一步的分析表明,这些贴纸使得卫生间每年的清洁费用减少了8%。[81]

我在自己的生活中也体验过鲜明提示的力量。我以前从商店买来苹果后,会把它们放在冰箱底部的保鲜盒里,随后就忘了。等我想起来时,苹果已经烂了。我从未见到它们,也就从未吃过它们。

最终,我告诫自己必须有所改变,便重新设计了我的生活环境。我买了一个硕大的陈列碗,把它放在厨房台面的中心位置。下一次我买回苹果后,就会放进那个大碗里——光天化日之下,我不可能看不到它们。就像施了魔法一样,我开始每天吃几个苹果,仅仅因为它们被摆在了明面上,而不是藏了起来。

这里有几个方法可以用来改造你的环境，突显你偏好的提示：

➢ 如果你想记得每天晚上吃药，把药瓶直接放在浴室靠近水龙头的台面上。
➢ 如果你想增加练习吉他的次数，把你的吉他架摆放在客厅的中央。
➢ 如果你想记得发更多的感谢便笺，就在书桌上放一沓便笺纸。
➢ 如果你想多喝水，每天早上装满几个水瓶，放在房子各处显眼的位置。

如果你想让习惯成为你生活中的重要组成部分，就让提示成为你生活环境中的重要组成部分。最持久的行为通常有多种提示。想想看勾起吸烟者烟瘾的方式有多少种：开车时看到朋友吸烟、工作中感到压力，等等。

同样的策略也可以用于好习惯。在你的周围布置大量触发物，由此增加你整天思考自己习惯的概率。确保你的最佳选择匹配最鲜明的提示。当好习惯的提示一直在你眼前晃，你就会自然而然地做出正确的决定。

环境设计的效用之所以强大，不仅是因为它影响了我们与世界交往的方式，也因为我们很少这样做。大多数人生活在别人为他们创造的世界里。但是你可以改变自己生活和工作的空间，以增加你接触到积极提示的概率，同时减少接触到消极提示的机会。环境设计让你重新掌控自己，成为自身生活的建筑师。你要争取成为自己世界的设计师，而不仅仅是它的消费者。

背景就是提示

触发某种习惯的提示可以从非常具体的内容开始，但是随着时间的推移，你的习惯不再与单一的触发因素相关联，而是与行为周围的整个环境相关联。

例如，许多人在社交场合喝的酒比他们自己私下里喝得多。与之相关的触发因素很少是单一的，而是整体情境：看着你的朋友点饮料、在酒吧里听音乐、看着从注酒口涌出的生啤。

我们会从心理上把习惯分配给它们各自发生的地方：家、办公室和健身房。每个地方都与某些习惯和例行事务建立了联系。你和桌子上的物品、厨房柜台上的物品、卧室里的物品建立了一种特殊的关系。

支配我们行为的不是环境中的各类物品，而是我们与它们之间的关系。事实上，这种思路有助于我们思考环境是怎样影响我们的行为的。不要把你的环境想象成充斥着各种物品，要把它想象成各种关系的综合体。想想你如何与周围的空间互动。对一个人来说，他的沙发是他每天晚上阅读一小时的地方。对其他人来说，沙发则是看电视和下班后吃一碗冰激凌的地方。不同的人会有不同的记忆——乃至不同的习惯——与同一个地方相关联。

好消息是什么呢？是你可以训练自己把特定的习惯和特定的环境联系起来。

在一项研究中，科学家们指示失眠症患者只有在感到疲惫不堪时才上床睡觉。假如他们无法入睡，就去别的房间坐着，直到昏昏欲睡再回来。久而久之，受试者开始将他们的床与睡觉的动作联系起来，当他们爬上床后，就能很容易入睡。他们的大脑认识到，那个房间不是玩手机、看电视，或者盯着时钟苦熬，而仅仅是睡觉的地方。[82]

语境的力量也揭示了一条重要的策略：在全新的环境中，习惯更容易被改变。[83]它有助于你远离原有微妙的、促使你恢复旧习惯的触发因素和提示。换个新地方，如从未进过的咖啡店、公园里的长椅、你很少使用的房间角落，在那里建立一种新的日常生活。

将新习惯与新环境联系起来比在老地方建立新习惯容易得多，因为你在老地方会时时处处受到与老习惯相关联的提示的干扰。如果你每天晚上在卧室看电视，想早点入睡就很难了；如果你总是在客厅玩电子游戏，在那里学习很难不分心。但是当你走出平常的环境后，你就会把你的行为习惯遗留在原地。[84]你不再与旧环境中的提示做斗争，从而使得新习惯的形成过程不受干扰。[85]

你想要创造性地思考吗？搬到一个更大的房间，去屋顶露台上待着，或者内部宽敞的大建筑物里。离开你的日常生活和工作，也就是与你固有的思维模式联系密切的空间，换个环境放松一下。

想要吃得更健康？你很可能在常去的超市里顺手拿几样吃惯了的食品。你该找家没去过的杂货店，试试新品种。或许你会发现，假如大脑不能在这家店里轻车熟路地找到不健康食物，你就能很容易做到不再吃不健康食物。

假如你无法换个全新的环境的话，重新布置或重新安排你现有的空间。为工作、学习、锻炼、娱乐和烹饪分别创造单独的空间。常言道："一个空间，一种用途。"我觉得这种说法很有道理。

当我开始创业时，我经常在沙发上或餐桌旁工作。到了晚上，我还是放不下手头的工作。在我的工作时间和业余时间之间并没有明确的分界线。厨房里的餐桌是我办公还是我吃饭的地方？沙发是我放松还是发邮件的地方？一切都发生在同一个地方。

数年后，我终于可以买得起一栋带独立办公室的房子了。突然之间，我体验到了界限，工作是"在这里"发生的事情，个人生活是"在那里"发生的事情。当工作和生活之间有了明确的分界线之后，我就能很容易地放下工作，转入身心放松的模式。每个房间都有其主要的用途。厨房是用来做饭的，办公室是用来工作的。

尽可能避免将一种习惯的情境与另一种习惯的情境混在一起。一旦开始混合不同的情境，你就会把各种习惯混为一谈，其中那些比较容易实行的习惯通常会占上风。这就是现代技术的功能多样化既是优势也是劣势的缘由之一。你可以用手机做很多事，这使得它成了一种强有力的设备。但当你可以用手机做几乎任何事情时，就很难把它和某件事联系起来。你想提高工作效率，但是每当打开手机，你就不由自主地要浏览社交媒体、查看电子邮件和玩电子游戏。它成了一个充满各种提示的大杂烩。

你可能会说："你不明白，我住在纽约市，我住的公寓也就是智能手机那么大。我需要一屋多用。"有道理！假如你的空间有限，就把你的房间划分为不同的活动区：用来阅读的椅子、写字用的书桌、一个餐桌。你可以如此这般地分配你的数字空间。我认识一位作家，他的电脑只用于写作，平板只用于阅读，而手机则专门用于浏览社交媒体和短信。每个习惯都应该有个去处。

如果你能坚持这一策略，每个情境都会与特定的习惯和思维方式相关联。习惯会在这种可预测的环境下茁壮成长。只要你一坐在办公桌前，注意力立刻就会自动集中起来；当你身处一个专为放松而设计的空间时，身心放松会变得很容易；当睡眠是你卧室的唯一功能时，迅速入睡就不会那么难。如果你想要稳定和可预测的行为，你需要一个稳定和可预测的环境。

在所有的事物都各安其位、各具用途的稳定环境中，习惯很容易形成。

本章小结

- 随着时间的推移,情境中的微小变化会导致行为上的巨大变化。
- 每一个习惯都是由提示引发的。我们更容易注意到鲜明的提示。
- 让良好习惯的提示在你的环境中显而易见。
- 渐渐地,你的习惯不再与单一的触发因素相关联,而是与这种行为周围的整个环境相关联。情境变成了提示。
- 在新的环境中培养新的习惯更容易,因为你不会受到与旧习惯相关联的提示的干扰。

第 7 章

自我控制的秘密

1971年,越南战争即将进入第十六个年头,康涅狄格州的国会议员罗伯特·斯蒂尔（Robert Steele）和伊利诺伊州的摩根·墨菲（Morgan Murphy）发现了一个令美国公众震惊的秘密。在视察部队期间,他们了解到在那里的美国驻军中有15%以上的官兵是海洛因成瘾者。后续研究进一步揭露出,驻扎在越南的35%的军人尝试过吸食海洛因,成瘾者高达20%,问题比他们最初想象的还要严重。[86]

这一惊人发现促使华盛顿方面展开了一系列活动,其中包括成立在尼克松（Nixon）总统直接领导下的"预防吸毒特别行动办公室"[87],以推动预防和康复,并追踪观察退役的吸毒军人。

李·罗宾斯（Lee Robins）是负责这项工作的研究人员之一。罗宾斯了解到的情况颠覆了当时人们对毒瘾怀有的成见。他发现,曾经吸食海洛因的士兵回家后,只有5%的人在一年内重新上瘾,只有12%的人在三年内复吸。换句话说,在越南吸食海洛因的10名士兵中,有9名几乎在一夜之间戒除了毒瘾。[88]

这一发现完全不符合当时流行的观点,即海洛因成瘾是永久和不可逆的。相反，罗宾斯揭示出的事实是：当生活环境彻底改变之后，毒瘾会自动消失。驻扎在越南时，士兵们整天被触发吸食海洛因的提示包围着：毒品触手可及，他们饱受战争压力的持续折磨，他们的战友也吸食海洛因，而且他们身处离家数千英里的异乡。然而，一旦他们返回美国，就完全脱离了那些触发毒瘾的因素。当情境发生变化时，习惯也随之改变。

我们可以将这种情况与典型吸毒者的情况加以对比。有些人在家或者和朋友在一起时染上了毒瘾，去戒毒所戒毒——那里没有任何促使他们上瘾的环境刺激——然后又回到家，重新置身于先前导致他们上瘾的老环境，触发他们毒瘾的提示一样都不少。我丝毫不感到奇怪，他们的复吸率与越南驻军相关的数据完全相反。通常情况下，90% 的海洛因成瘾者在康复回家后会复吸。[89]

有关越南驻军吸毒状况的研究结果与我们对坏习惯所持有的许多文化信仰背道而驰，因为它挑战了传统观念，通常把不健康行为与道德沦丧相提并论。如果你超重、吸烟或沾染毒品，你这辈子都会听到别人说你缺乏自控能力，甚至可能是因为你本来就是个坏人。增强纪律性是解决我们所有问题的灵丹妙药，这种观念深深植根于我们的文化之中。

然而，最近的研究揭示出一些不同的东西。科学家们对那些看起来有强大自控能力的人详加分析之后，发现他们和那些深陷泥潭的人没有什么不同。相反，"纪律性强"的人能更好地规制自己的生活，无须时常考验自己是否有坚强的意志力和自我控制的能力。[90]换句话说，他们很少置身于充满诱惑的环境中。

比较典型的情况是，自我控制能力强的人通常最不需要使用它。假如你不需要经常自我克制的话，做起来就会更容易。[91]所以，没错，毅力、勇气和意志力是取得成功的要素，但是增强这些品质的途径不是期望自己成为一个自律的人，而是创造一个有纪律的环境。

一旦你理解了在习惯形成的过程中大脑内部发生了什么，上述违背直觉的想法就更有意义了。某种习惯一旦在大脑中编码成功，随时可以派上用场。[92]当得克萨斯州奥斯汀的治疗师帕蒂·奥尔维尔（Patty Olwell）最初开始吸烟时，她经常会在和朋友骑马的时候点燃一根香烟。最终，她戒烟了，并且多年来一直没再吸过。她也停止了骑马。时隔数十年后，当她再次骑上马的那一刻，突然发现自己在戒烟那么长时间之后，竟然第一次感受到吸烟的欲望。提示已然被内化，只是长期以来她并没有接触到它们而已。[93]

习惯一旦被编码，每当环境提示再次出现时，相关行为的冲动就会随之而来。这是行为改变技巧可能适得其反的原因之一。用减肥演示羞辱肥胖的人会让他们感到压抑，结果导致许多人回归他们最喜欢的应对策略：暴饮暴食[94]；向吸烟者展示被烟熏黑的肺的照片会让他们更加焦虑，反而会促使许多人想要吸烟。[95]如果你对提示处理不当，反而会引起你本想制止的行为。

坏习惯具有自身催化的能力：这个过程会自我滋养。它们一边激发人们的某些感觉，一边麻痹他们。你情绪低落，于是你吃垃圾食品。因为你吃垃圾食品，你会感觉情绪低落。看电视会让你感觉慵懒，于是你会看更多的电视，因为你打不起精神去做任何其他的事。你担忧自己的健康状况，越想越焦虑，于是你就靠吸烟来缓解焦虑情绪，这反过来让你的健康状况更糟糕，不久后，你会感到更焦虑。这成了恶性循环，坏习惯失去控制，接踵而来。

研究人员称这种现象为"提示诱发的欲望"：某个外部触发因素激起的、需要重复坏习惯的强迫性的欲求。一旦注意到了它，你就滋生了想要它的念头。这个过程一直存在，只是通常我们没有意识到它。科学家们发现，在向瘾君子展示可卡因图片时，只需33毫秒就能激活他们大脑中的奖励途径，并激起其吸毒的欲望。[96] 这种速度对于大脑来说太快了，根本上升不到意识层面，上瘾者甚至无法告诉你，他们究竟看到了什么，只知道他们渴求得到毒品。

这种情形告诉我们：你可以改掉一个习惯，但是不太可能忘记它。一旦某种习惯被深深地刻在了你的大脑沟回里，它几乎就再也不可能被完全清除，即使它们很长一段时间不起作用。这意味着仅靠抵制诱惑是在做无用功。在纷纷攘攘的生活中，想要保持佛性态度的难度极高。这需要太多的能量。从短期来看，你可以选择战胜诱惑；从长期来看，我们将成为生活环境的产物。说白了，我还从未见过有人长期置身于消极环境中而能坚守积极的习惯。

更可靠的方法是从源头上改掉坏习惯。消除坏习惯最实用的方法是避免接触引起它的提示。

➢ 如果你觉得似乎完不成任何工作，试着把手机放到另一个房间几个小时。
➢ 如果你一直觉得自己做得不够，那就别再关注会引发嫉妒和羡慕之情的社交媒体账号。
➢ 如果你看电视的时间太长，就把电视机移出卧室。
➢ 如果你买了太多的电子产品，就别再阅读涉及最新科技产品的文章。
➢ 如果你沉湎于电子游戏，每次玩过之后，拔掉控制器的插头，把它放进壁橱里。

这种做法与行为转变第一定律正好相反。你可以让它无从显现，而不是让它显而易见。我常常感到惊讶的是，像这样简单的改变居然如此有效。只是去除一条提示，整个习惯往往就此消失。

自我控制只是权宜之计，而非长远良策。你也许能够抵抗一两次诱惑，但是你不可能每次都能铆足了劲，克服强烈的欲望。与其想正确行事时都要诉诸新的意志力，不如把精力花在优化所处的环境上。这就是自我控制的奥秘。让良好习惯的提示显而易见，让不良习惯的提示无从显现。

本章小结

> 行为转变第一定律的反用是让它无从显现。
> 习惯一旦养成，就不太可能被忘记。
> 自控能力强的人会尽量远离充满诱惑的环境。逃避诱惑比抗拒诱惑容易。
> 戒除坏习惯最实用的方法是减少接触导致坏习惯的提示。
> 自我控制只是权宜之计，而非长远良策。

如何养成好习惯

第一定律	让它显而易见
1.1	填写"习惯记分卡"。记下你当前的习惯并留意它们
1.2	应用执行意图。"我将于 [时间] 在 [地点] 做 [行为]。"
1.3	应用习惯叠加。"继 [当前习惯] 之后,我将 [新习惯]。"
1.4	设计你的环境。让好习惯的提示清晰明了
第二定律	让它有吸引力
第三定律	让它简便易行
第四定律	让它令人愉悦

如何戒除坏习惯

第一定律反用	让它无从显现
1.5	降低坏习惯出现的频率。把坏习惯的提示清除出你所在的环境
第二定律反用	让它缺乏吸引力
第三定律反用	让它难以施行
第四定律反用	让它令人厌烦

你可以登录 jamesclear.com/atomic-habits/cheatsheet 下载这个习惯备忘单的打印版本。

第二定律

让它有吸引力

第 8 章

怎样使习惯不可抗拒

20世纪40年代，名叫尼可·丁伯根（Niko Tinbergen）的荷兰科学家进行了一系列实验，其结果改变了我们对激励因素的理解。[97]丁伯根最终因工作出色而获得诺贝尔奖。如今他正在研究银鸥，这种灰白色的鸟类常见于北美海岸。

成年银鸥的喙上有一个红斑点，丁伯根注意到，新孵化出的雏鸥想要吃东西时会去啄这个红斑点。为了展开一项实验，他特意用硬纸板制作了一组假喙，只是一个没有身体的头部。当雏鸥的双亲飞走后，他走向鸟巢，把这些假喙放到雏鸥眼前。鉴于他制作的喙明显太假，他认为雏鸥会完全不予理睬。

然而，当雏鸥看到纸板喙上的红斑点时，它们开始啄击，就好像它就是自己父母喙上的红斑点一样。很显然，它们极其偏爱这些红斑点，似乎它们出生时就在基因上编程了一样。很快，丁伯根就发现，红斑点越大，雏鸥啄得越快。后来，他制作了一个上面有三个大红斑点的喙。当他把它放在巢中时，雏鸥们开始拼命啄击大红斑点，好像平生第一次见到这么大的喙，这令它们异常兴奋。

丁伯根和他的同事在别的动物身上发现了类似的行为。例如，灰雁是一种在地面上筑巢的鸟。雌雁孵蛋时会移动身体，偶尔会有一颗蛋滚落到附近的草地上。每当这种情况发生时，灰雁就会摇摇摆摆地走向蛋，用自己的嘴和脖子把它拉回巢里。

丁伯根发现，灰雁会把附近的任何球形物体，如台球或灯泡，搜罗到巢中。[98] 物体越大，它们的反应就越大。一只灰雁甚至不辞辛劳，硬是设法把一个排球滚到了巢里并卧在它上面。就像小银鸥自动啄红斑点一样，灰雁遵循一条本能的规则："当我看到附近有一个球形物体时，我必须把它弄到巢里去。球形物体越大，我就要耗费越多的功夫。"

这就像每只动物的大脑都预先载入了某些行为规则，而当大脑遇到适用这一规则的超常标的物时，它就像圣诞树被点亮那样熠熠放光。科学家把这些夸张的提示称为"超常刺激"。"超常刺激"是加强版现实，如同画了三个红斑点的喙或者排球大小的蛋，并且会引起极为强烈的反应。

人类也容易陷入加强版现实的迷魂阵。例如，垃圾食品使我们的奖励体系陷入癫狂状态。在野外狩猎和觅食了数十万年之后，人类的大脑逐渐进化到了高度重视盐、糖和脂肪的程度。这类食物通常热量很高，而当我们的祖先在大草原上游荡时，这类食物还非常罕见。当你过着不知道何时能吃上下一顿饭的生活时，有机会就尽可能多吃当然是最佳的生存策略。

然而，如今我们生活在一个高热量的环境中，享有充足的食物供应，但是你的大脑仍然渴求食物，就好像食物仍很稀缺一样。把盐、糖和脂肪放在第一位对我们的健康不再有利，但是这种渴求会持续下去，因为大脑的奖励中心已经有大约五万年没有改变了。现代食品工业的发展有赖于超越我们进化的目的，进一步拓展人类始于旧石器时代的本能。[99]

食品科学的主要目标是创造对消费者更有吸引力的产品。几乎每种装在袋子、盒子或罐子里的食物都存在不同程度的强化,如果仅仅加了添加剂也就罢了。[100]食品公司花费数百万美元开展的一些研究项目,就是为了确认人们在吃薯片时最喜欢的咔嚓声,或者苏打汽水中最完美的气泡量。整个部门都致力于优化产品在你嘴里的感觉——被称为"口腔感觉"的品质。例如,炸薯条是一种极具诱惑力的组合:外表金黄、酥脆,入口柔滑清爽。[101]

其他加工食品则强化了动态对比,这指的是有些产品具有多种打动人心的特质,比如口感酥脆,如奶油一般丝滑和细腻。想象一下,融化的奶酪黏附在酥脆的比萨饼上,或者吃奥利奥饼干时的咔嚓声和细腻柔滑的感觉。你在吃天然、未经加工食品的时候,也会一遍又一遍地经历同样的感觉——你吃到第17口时,羽衣甘蓝的味道是什么样的?几分钟后,你的大脑就兴味索然,你开始觉得吃饱了。但是,具有动态对比特性的食物会一直让你体验到新奇有趣,鼓励你多吃。

最终,这种策略使食品科学家能够找到每种产品的"兴奋点"[102]——盐、糖和脂肪的精确组合,刺激着你的大脑,让你欲罢不能,吃完了还想吃。当然,结果就是,由于超级美味的食品对人脑更有吸引力,你禁不住吃得过多。正如专攻饮食行为和肥胖的神经科学家斯蒂芬·居耶内特(Stephan Guyenet)所说:"我们在按动按钮方面已经驾轻就熟了。"[103]

现代食品工业及其催生的暴饮暴食习惯无非是行为转变第二定律的一个例证:让它有吸引力。面前的机会越有吸引力,养成习惯的可能性就越大。

环顾一下你的四周,社会上充斥着精雕细刻的人造现实,比我们祖先亲历过的现实世界更有吸引力。商店用的人体模型以其夸张的臀部和胸部来推销服装；社交媒体在几分钟内提供给我们的赞赏是我们在家中和办公室里做梦都得不到的；在线色情以现实生活中无法复制的速度，拼接出令人血脉偾张的刺激场景，人们借助于完美的灯光效果、专业妆术和图片处理技术，创作出各式各样的广告，就连模特本人最终呈现给人的形象也像换了一个人。这些就是我们所在的现代世界中的超常刺激。它们极度夸大了对我们天然就有吸引力的那些特征，结果导致我们的本能痴迷癫狂，促使我们养成了过度消费的习惯，以及沉溺于社交媒体乃至色情、饮食等林林总总的习惯。

如果我们能以史为鉴，未来的机会将比今天更具吸引力。未来发展的趋势是奖励变得更丰厚、刺激变得更诱人。垃圾食品中的热量含量远高于天然食品，烈性酒中的酒精含量比啤酒更高，与棋牌游戏相比，电子游戏的娱乐性更强。与自然相比，这些可以带来强烈感官刺激的经历难以抗拒。我们的大脑与我们祖先的大脑无异，但我们面对的是前所未有的诱惑。

如果你想提高某种行为发生的概率，那么你需要让它具备吸引力。在我们讨论第二定律的整个过程中，我们的目标是学习如何使自己的习惯不可抗拒。虽然我们不可能将每一种习惯都转变成超常刺激，但可以让所有习惯变得更加诱人。要做到这一点，我们必须首先理解什么是渴求以及它是如何起作用的。

我们研究的起点是所有习惯共有的生物特征指标：多巴胺浓度。

多巴胺驱动的反馈回路

科学家可以通过测定被称为多巴胺[①]的神经递质来追踪渴求发生的准确时刻。1954 年，神经学家詹姆斯·奥尔兹（James Olds）和彼得·米尔纳（Peter Milner）进行了一项实验，揭示了渴求和欲望背后的神经过程。[104] 人类从此认识到了多巴胺的重要性。[105] 通过在老鼠大脑中植入电极，研究人员阻止了多巴胺的释放。令他们惊讶的是，老鼠彻底丧失了生存意愿。[106] 它们不愿进食，不再交配，它们什么都不想要。过了几天，这些老鼠都渴死了。

在随后的研究中，其他科学家同样抑制了老鼠大脑中负责释放多巴胺的部分，但是这次，他们将一小滴糖注入不再分泌多巴胺的老鼠的嘴里。他们发现尝到甜味的老鼠脸上浮现出享受美味的笑意。尽管多巴胺的分泌被阻断，它们依旧像之前一样喜欢糖：它们只是不再想要了，体验快乐的能力依然存在，但是没有了多巴胺，欲望就消失了。没有欲望，生命的活动就停止了。[107]

当其他研究人员逆转了这一过程，将大量多巴胺注入动物大脑中的奖励系统后，受试动物们展现出快如闪电的习惯性动作。在一项研究中，老鼠每次把鼻子伸进盒子后都会被注入高浓度的多巴胺。几分钟之后，这些老鼠表现出强烈的渴求，每小时伸鼻子的次数高达 800 次。[108]（人类的表现并没有太大的不同：老虎机的普通玩家每小时转轮 600 次。[109]）

习惯是多巴胺驱动的反馈回路。[110] 每一种极可能形成习惯的

---

① 多巴胺并不是影响你习惯的唯一化学物质。每个行为都涉及多个大脑区域和神经化学物质，任何声称"习惯都与多巴胺有关"的人都忽略了这个过程的主要部分——多巴胺只是在培养习惯的过程中起作用的重要角色之一。然而，我之所以在这一章中单挑出多巴胺回路，是因为在了解每个习惯背后的欲望、渴求和动机的生物学基础方面，它提供了一个窗口。

行为——吸毒、吃垃圾食品、玩电子游戏、浏览社交媒体——都与较高浓度的多巴胺有关。我们最基本的习惯行为——吃喝、做爱和社交——也不例外。

多巴胺浓度

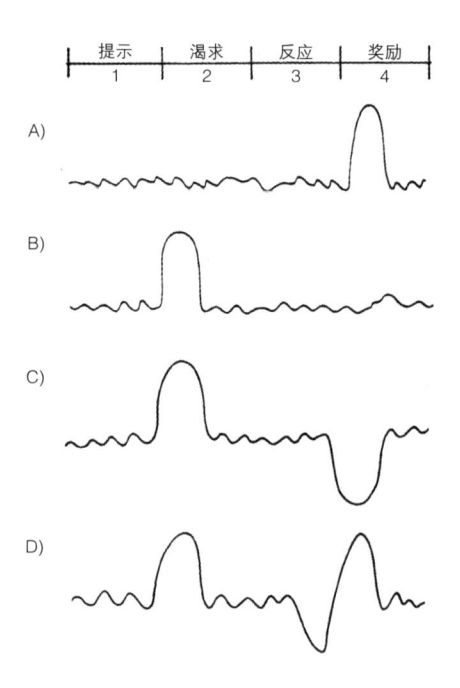

提示	渴求	反应	奖励
1	2	3	4

A)

B)

C)

D)

图9：在学到一种习惯（A）之前，多巴胺会在第一次体验到奖励时被释放出来。到了下一次（B），多巴胺浓度会在采取行动之前激增，紧接在提示被识别之后。每当发现提示时，这种多巴胺浓度的激增都会产生欲求和采取行动的渴求。一旦形成了习惯，多巴胺的浓度不会再在获得奖励时激增，因为你曾憧憬过奖励。然而，如果你看到了提示并期待得到奖励，但最终没有得到，那么多巴胺的浓度会因失望而降低（C）。当奖励姗姗来迟时，我们可以清楚地看到多巴胺反应的敏感性（D）。首先，提示得以确定，多巴胺浓度会随着渴求的增强而上升。接下来，会有反应，但是奖励来得不如预期那么快，多巴胺浓度开始下降。最后，当奖励来得比你想象的稍晚时，多巴胺浓度会再次飙升。那情形就好像大脑在说："看，我知道我是对的。下次别忘了重复这个动作。"

多年来，科学家们一直认为多巴胺只与快乐有关，但如今我们已经认识到它在许多神经活动中扮演着重要的角色，其中包括动机、学习和记忆、惩罚和逃避以及自主运动。[111]

至于习惯，关键是：不仅发生在你体验快乐的时候，在你期待快乐的时候，也会分泌多巴胺。[112] 赌徒在下注之前，体内多巴胺的浓度会激增，赌赢了之后反倒不会上升；可卡因成瘾者一看到这种粉末就会分泌出大量多巴胺，而不是在吸食之后。每当你预测一个机会会有奖励时，你体内的多巴胺浓度就会随着这种预期飙升。每当多巴胺浓度上升，你采取行动的动机也会随之增强。[113] 激发我们采取行动的原动力来自对奖励的期待之时，而非这种期待得以满足的那一刻。

有趣的是，当你获得奖励时，大脑中激活的奖励系统与你期待奖励时激活的系统是同一个。[114] 这就是对一种体验的期待往往比体验本身更令人感到愉悦的原因之一。作为一个孩子，期待圣诞节早上来临的感觉可能好过真正打开礼物的那一刻；作为一个成年人，憧憬即将到来的假期或许比度假本身更令人激动。科学家将这种体验称为"渴求"和"喜欢"之间的区别。

你的大脑有更多的神经回路被分配给渴求奖励，而不是喜欢它们。大脑中的渴求中心所占份额很大，囊括了脑干、伏隔核、腹侧被盖区、背侧纹状体、杏仁核和部分前额叶皮层。相比之下，大脑的喜欢中心要小得多。它们通常被称为"享乐热点"，像微小的岛屿一样分散在整个大脑中。例如，研究人员发现，在出现渴求时，伏隔核 100% 被激活。[115]

相比之下，当喜欢出现时，相应结构仅有 10% 被激活。

大脑将如此多的宝贵空间分配给负责渴求和欲望的区域，这一事实进一步证明了这些过程所发挥的关键作用。欲望是驱动行为的引擎，每一个行动都源于此前的预期，是渴求引发了反应。

这些见解揭示了行为转变第二定律的重要性。我们需要使我们的习惯变得有吸引力，因为最初促使我们采取行动的正是我们对有奖励的经历的期待之心。这就是所谓的诱惑绑定策略开始发挥作用的地方。

怎样利用诱惑绑定策略，使你的习惯更有吸引力

爱尔兰都柏林的电气工程专业学生罗南·伯恩（Ronan Byrne）酷爱奈飞公司制作的影视剧，但他也知道自己应该增加锻炼身体的次数。伯恩利用自己掌握的工程技能，黑进了他的健身脚踏车的程序，把它连接到了自己的笔记本电脑和电视上。[116] 然后，他编写了一个计算机程序，只有在他以特定速度踩踏板健身时，才能播放奈飞的节目。如果他踩踏板的频率过低，无论他正在看的是什么节目，一段时间之后都会停止播放，直到他再次按照设定的频率踩踏板。用一个粉丝的话来说，他是在用"一次一个奈飞狂欢的方式减肥"。[117]

他还利用诱惑绑定使他的健身习惯更有吸引力。诱惑绑定的工作原理就是把你想做的事与你需要做的事进行绑定。在伯恩的例子中，他把观看奈飞（他想做的事）与骑健身脚踏车（他需要做的事）绑在了一起。

企业是诱惑绑定的大师。例如，美国广播公司，即广为人知的 ABC，在推出 2014—2015 年度周四晚间电视节目时间表时，大规模应用了诱惑绑定。

该公司在每周四播出编剧肖达·莱姆斯（Shonda Rhimes）创作的三部电视剧——《实习医生格蕾》《丑闻》以及《逍遥法外》。

他们在 ABC 上把它命名为"ABC 上的 TGIT"（感谢上帝，今天是周四，终于可以看 ABC 了）。除了大力宣传上述剧集，ABC 还鼓励观众自制爆米花、喝红酒、享受美妙的夜晚。

ABC 负责排定节目播放时间表的安德鲁·库比茨（Andrew Kubitz）描述了整个宣传活动背后的思路："我们把周四晚间视为收视时机，无论是夫妇还是女人们自己，都想要坐下来，逃避现实，寻点乐子，喝些红酒，吃点爆米花。"[118] 这一策略的精彩之处在于，ABC 将他们需要观众做的事（观看他们的节目）绑定了观众早就想做的活动（放松、喝酒、吃爆米花）。

随着时间的推移，人们开始将观看 ABC 的剧集与放松和娱乐的感觉联系起来。如果你每周四晚上 8 点喝红酒、吃爆米花，那么最终"周四晚上 8 点"便意味着放松和娱乐。奖励与提示建立了关联，看电视的习惯变得更有吸引力。

假如你在做一件事的同时得以做另一件你喜爱的事，那么前者很可能对你产生一定的吸引力。也许你渴望听听最新的名人绯闻，但是你首先要努力保持身材。通过诱惑绑定的方式，你只能在健身房里读八卦新闻或观看真人秀节目。也许你特别想做足疗，但是你首先需要处理完你的电子邮件。两全其美的方案：只有在处理逾期的工作邮件时才做足疗。

诱惑绑定是实现应用心理学理论普雷马克原理的途径之一。该原理以大卫·普雷马克（David Premack）教授的名字命名，意指"高频行为将会强化低频行为"。[119]

换句话说，即使你真心不想处理逾期的工作邮件，一旦这意味着你可以同时做你特别想做的事，你也会习惯于处理邮件。

你甚至可以将诱惑绑定策略和我们在第 5 章中讨论过的习惯叠加策略结合起来，创建一套用来指导你的行为的规则。

习惯叠加 + 诱惑绑定公式的表述如下:

1. 继 [当前习惯] 之后,我将 [我需要的习惯]。
2. 继 [我需要的习惯] 之后,我将 [我想要的习惯]。

你特别想看新闻,但是你需要表达更多的感激之情:

1. 早上喝过咖啡后,我将说一件发生于昨日并令我感激的事(需要)。
2. 说过令自己感激的那件事后,我将可以读新闻(喜好)。

你特别想看体育比赛,但是你需要拨打推销电话:

1. 午休回来后,我将要给三个潜在客户打电话(需要)。
2. 给三个潜在客户打电话后,我将上娱乐体育节目电视网查看比赛近况(喜好)。

你特别想查看脸书上的内容,但是你需要做更多的锻炼:

1. 掏出手机后,我将要做十个立卧撑跳(需要)。
2. 做了十个立卧撑跳之后,我将能查看脸书上的最新动态。

希望最终你会盼着给三个客户打电话,或者做十个立卧撑跳,因为这意味着你将能阅读最新的体育新闻或者查看脸书。做你需要做的事意味着你可以做你想做的事。
  本章我们由超常刺激谈起。所谓超常刺激,就是提高了我们行动欲望的加强版现实。诱惑绑定其实是创建任何习惯的加强版本的方法之一，具体做法是将它与你本想要的东西相关联。培养一个不可抗拒的习惯并非易事，这个简单的策略可以用来让几乎任何习惯都变得具有一定的吸引力。

本章小结

> 行为转变第二定律是让它具有吸引力。
> 机会越有吸引力，养成习惯的可能性就越大。
> 习惯是多巴胺驱动的反馈回路。当多巴胺浓度上升时，我们采取行动的动机也会变得更强烈。
> 正是对奖励的期待，而不是奖励本身，促使我们采取行动。期待值越高，多巴胺峰值越大。
> 诱惑绑定是让习惯更具吸引力的一种方式。具体做法就是将你想做的动作与你需要做的动作搭配在一起。

第 9 章

在习惯形成中亲友所起的作用

1965年,一个名叫拉兹洛·波尔加(Laszlo Polgar)的匈牙利男子写了一系列奇怪的信给一个名叫克拉拉(Klara)的女人。

拉兹洛坚信人必须努力工作。事实上,这是他的全部信念所在:他完全排斥天生禀赋的说法。他声称,经过精心设计的训练和养成良好的习惯,一个小孩可以成为任何领域的天才。他的名言是:"天才不是天生的,而是教育和训练出来的。"[120] 拉兹洛对此坚信不疑,而且不惜以自己的孩子为实验对象。他给克拉拉写信的目的就是他"需要一个愿意与他同舟共济的妻子"。克拉拉是一名教师,尽管她可能不如拉兹洛那么笃信,但她同样认为通过适当的指导,任何人都可以增进自己的技能。

拉兹洛认为国际象棋是进行这项实验的合适领域,于是制定了一个培养他的孩子们成为国际象棋神童的计划。孩子们要在家里接受教育,这种做法在当时的匈牙利是非常罕见的。他家里充满了各种象棋书籍,到处都摆放着著名棋手的照片。孩子们经常互相比赛,并尽可能参加高水准的锦标赛。他还在家里创建了一套细致入微的档案体系,其中详细记录着孩子们可能面对的每个棋手的比赛历史。他们生活的全部就是下棋。

拉兹洛向克拉拉求爱成功。几年后，波尔加夫妇养育了三个女孩：苏珊（Susan）、索菲亚（Sofia）和朱迪特（Judit）。

大女儿苏珊4岁时开始下棋。她学会下棋不到六个月，就打败了一些成年人。

二女儿索菲亚更出色。她14岁时成为世界冠军，并在数年后晋级为最高级别的棋手。

年纪最小的朱迪特则是三人中最优秀的。5岁时，她就能战胜她父亲。12岁时，她成为世界前100位国际象棋棋手中最年轻的棋手。15岁零4个月时，她成为有史以来最年轻的国际特级大师——比之前的纪录保持者博比·费希尔（Bobby Fischer）还年轻。她连续二十七年保持着世界排名第一女棋手的地位。

至少可以说，波尔加三姐妹根本没有其他孩子们享有的童年。然而，如果你问她们有关童年的生活时，她们会说那种生活方式很有吸引力，甚至令人愉悦。在采访中，她们会说自己的童年很快乐，没觉得苦不堪言。她们酷爱下棋，总感觉下不够。据报道，有一次，拉兹洛发现索菲亚半夜在浴室里下棋。他督促女儿去睡觉："索菲亚，放过那些棋子吧！"她答道："父亲，它们是不会放过我的！"

波尔加姐妹成长于一种象棋高于一切的文化中——她们因象棋得到表扬，因象棋得到奖励。在她们的世界里，痴迷于象棋是正常的。正如我们将要看到的，在你的文化中，任何正常的习惯都是最有吸引力的行为之一。

社会规范的吸引力

人类是群居动物。我们渴望融入社会,与他人建立密切联系,并赢得同侪的尊重和认可。这类倾向对我们的生存至关重要。在我们进化的大部分时间里,我们的祖先都生活在部落里。脱离部落,或者更糟的是,被逐出部落,就等于被判了死刑:"孤狼死去,唯狼群幸存。"[1]

与此同时,与他人合作并密切联系还可以带来显而易见的好处,人身安全更有保障,交配和获得资源的机会也更多。正如查尔斯·达尔文(Charles Darwin)所指出的:"在人类漫长的发展史中,最终胜出的是那些学会高效协作和即兴发挥的人。"因此,人类深层的愿望之一就是有所归属。这种源远流长的嗜好对我们的现代行为施加着巨大的影响。

我们早期的习惯不是选择而是模仿的产物。我们遵循着亲友、教会或学校、所在的社区乃至整个社会给予我们的教诲。每一种文化和群体都有各自独特的期望和标准,比如是不是该结婚了、什么时候结婚、该生几个孩子、庆祝哪些节日、为孩子的生日聚会花多少钱。在许多方面,这些社会规范是指导你日常行为的无形规则。你对它们谨记于心,即使你并没有意识到。通常情况下,你不假思索地遵循所在文化群体的习惯,不仅不会质疑,而且有时不需要刻意想起。法国哲学家米歇尔·德·蒙田(Michel de Montaigne)曾这样写道:"社会生活的习俗和实践裹挟着我们前行。"

大多数时候,与群体共进退并不会让人觉得是一种负担,因

---

[1] 我很高兴能在这本书中提及《权力的游戏》。

为每个人都想有所归属。如果你生长在一个下棋好就能得到奖励的家庭里，下棋似乎是一件很让人心驰神往的事。如果在你工作的场合每个人都穿着价格不菲的套装，那么你也会一心想着哪怕不吃不喝也要买一套。如果你所有的朋友都在分享一个小圈子里的笑话或者使用一个新词，你也会想这样做，目的是让他们知道你"明白了"。当某种行为有助于我们融入团体或社会时，它就具备了吸引力。

我们尤其注重模仿三个群体的习惯：[121]

1. 亲近的人。

2. 多数人。

3. 权威。

每个群体都提供了利用"行为转变第二定律"的机会，让我们的习惯更有吸引力。

1. 模仿亲近的人

我们亲近的人对我们的行为有很大的影响。正如我们在第6章中所论及的，物理环境如此，社会环境同样如此。

我们从自己身边的人那里学习习惯。我们模仿父母处理争吵的方式、我们的同龄人相互调情的方式、我们的同事获得结果的方式。当你的朋友吸烟时，你也试着吸一口；如果你妻子总在睡觉前确认门是否锁好，你也会形成这种习惯。

我发现自己经常在无意间模仿周围人的行为。在聊天时，我会不由自主地摆出对方身体的姿态；在大学里，我开始像室友一样说话；当我去其他国家旅行时，会在无意之中模仿当地口音，即使我告诫自己不要这样做也没用。

一般来说，我们与他人越亲近，就越有可能模仿他们的一些习惯。在一项前所未有的研究中，研究人员在长达三十二年的时间里跟踪观察了1.2万人，结果发现："如果一个人有一个肥胖的朋友，那他或她肥胖的概率会增加57%。"[122] 反之亦然。另一项研究发现，如果一个恋爱中的人体重减轻，其伴侣有三分之一的可能也会瘦身。[123] 我们的亲友施加着一种无形的同侪压力，拉着我们向他们看齐。

当然，只有当你深陷不良影响时，同侪压力才会起坏作用。宇航员迈克·马西米诺（Mike Massimino）在麻省理工学院攻读研究生课程时，参加了一个小型机器人课程。班上的十名学生中，后来有四名成为宇航员。[124] 如果你的人生理想是进入太空，那么对你来说，这个课堂就是最理想的文化环境。同样，另一项研究发现，你的好朋友在11岁或12岁时的智商越高，你在15岁时的智商也就越高。[125] 我们吸收着身边的人的品质和举止。

培养好习惯的最有效方式就是加入一种文化。在这种文化中，你期望的行为被认定是正常行为。当你看到别人每天都这样做时，会觉得培养好习惯似乎并不难。如果你身边都是健身的人，你就更有可能养成定期健身的习惯；如果你身边都是爵士乐爱好者，你更有可能认为每天演奏爵士乐是合理的。你的文化设定了你对"正常"事物的期望。尽量和那些具备你想拥有的习惯的人在一起，你们会相互促进。

为了让你的习惯更有吸引力，你可以更进一步。

加入这样一种文化：（1）你期望的行为是正常行为；（2）你已经和这个群体有一些共同之处。纽约市的企业家史蒂夫·坎布（Steve Kamb）经营着一家名为"书呆子健身"的公司，专门"帮助书呆子、不合群者和举止怪诞者减肥塑形、强身健体"。他的客户包括视频游戏迷、电影迷和想要拥有好身材的普通人。许多人第一次去健身房或试图改变饮食习惯时会感到不自在，但是如果你已经在某些方面和这个群体的其他成员相似，比如说，你们都是《星球大战》的影迷，改变就会更有吸引力，因为你会觉得像你一样的人已经在做了。

没有什么比群体归属感更能维持一个人做事的动力了。它将个体的追求转变成了群体的追求。在此之前，你单打独斗，具有很独特的身份。你是读者，你是音乐家，你是运动员。当你加入书友会、乐队或自行车爱好者团体时，你的身份就会与周围的人建立关联，成长和改变不再是个体的追求。我们是读者，我们是音乐家，我们是自行车骑友。共同的身份开始强化你的个人身份，这就是为什么在达成目标后还要保持团队成员的身份对保持你的习惯至关重要。友情和社区赋予人特定的身份并使一种行为长期保持。

2. 模仿多数人

20世纪50年代，心理学家所罗门·阿希（Solomon Asch）进行了一系列的实验[126]，如今每年都有大批本科生在课堂上接受这些实验。在每个实验开始时，受试者和一群陌生人一起进入房间。受试者并不知道，其他参与者都是研究人员安插的演员，他们接到的指令是用给定的答案回答特定的问题。

实验小组将看到一张上面有一条线的卡片，然后是一张上面有几条线的卡片。每个人都被要求在第二张卡片上选择与第一张卡片上的线长度相似的线。这是一项非常简单的任务。以下是实验中使用的两张卡片的一个示例：

服从社会规范

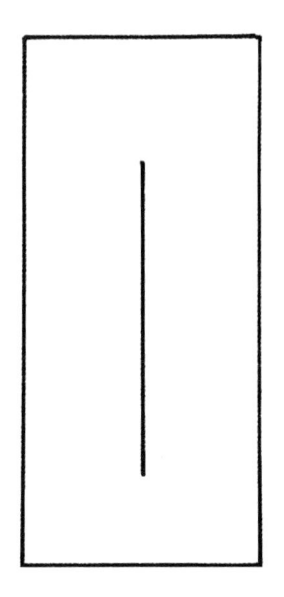

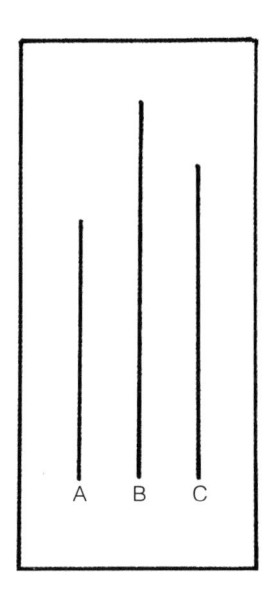

图10：这是所罗门·阿希在他著名的社会从众实验中使用的两张卡片的示意图。第一张卡片上的线条（左）显然与C线等长，但当一群演员声称不与C线等长时，研究对象往往会改主意，随大流，而不是相信自己的眼睛

每次实验的进程是一样的。首先是做一些简单的测试，大家一致赞同正确的选项。经过几轮之后，参与者被展示了一个答案与之前一样显而易见的测试，唯一不同的是，房间里的演员会故意选择不正确的答案。例如，他们会说图10中的"A"线与左边的线条等长。尽管它们看起来明显不一样长，但每个人都声称两条线一样长。受试者并不知道这其中的玄机，突然感觉困惑不已。他们会一再确认其他参与者的反应。随着众人一个接一个都选择了不正确的答案，受试者也越来越焦虑不安。很快，受试者开始怀疑自己的眼睛。最终，他们也选择了明知是错误的答案。

阿希后来以各种方式多次进行了这项实验。他发现，随着演员数量的增加，受试者的从众倾向也会更明显。假如只有一位受试者和一位演员，受试者做选择不会受到任何影响，只是把演员当成一个无关紧要的路人。当两位演员和一位受试者在一起时，还是没有多大影响。但是随着演员的数量增加到三位、四位，直至八位时，受试者自我怀疑的程度就会逐渐加深。到实验结束时，将近75%的受试者最终认同了整个团体的答案，尽管那个答案明显是错误的。[127]

每当不确定该如何做时，我们都会期待得到团体的指导。我们不断搜寻我们的环境，并急于想知道"其他人在做什么"。我们打开亚马逊、Yelp（点评网站）或TripAdvisor（旅行顾问）等网页查看大家的评论，因为我们想要模仿"最佳"的购买、饮食和旅行习惯。这通常是很明智的策略，数量就是证据。

但这种做法也有负面影响。

群体的正常行为往往压倒个人喜好的行为。例如，一项研究发现，当黑猩猩在一个群体中学会了砸开坚果的有效方法，转而进入另一个群体生活后，它会避免使用老群体的有效方法，而是采用新群体比较笨的方法，以此来融入新群体。[128]

人类也有类似表现。每个群体都对其成员施加巨大压力，要求他们服从集体规范。与在争论中占上风、显得自己很聪明或凡事都追根究底相比，个体被集体接受的好处肯定更多。大多数时候，我们宁愿跟众人一起犯错，也不愿特立独行坚持真理。

人类的头脑知道如何与他人和平共处。它想和别人和平共处。这是我们生活在这个世界上的天然模式。你可以忽略它——你可以选择忽略这个群体或者不再关注他人的想法，但是这需要付出努力。逆主流文化而上需要付出额外的努力。

当改变习惯意味着挑战群体时，改变是没有吸引力的；当改变你的习惯意味着融入群体时，改变是非常有吸引力的。

3. 模仿权威

人人都追求权力、声望和地位。我们渴望在外衣上别着奖章，我们期望自己有总裁或合伙人的头衔，我们希望得到认可、称赞和表彰。这种倾向似乎是徒劳的，但总的来说，这是个聪明的举动。从历史上看，一个人拥有更大权力和更高地位意味着可以获得更多资源，不再过多担忧能否生存下去，并且能够更容易地找到性伴侣。

我们被那些能赢得尊重、认可、钦佩和地位的行为深深吸引着。我们想成为健身房里能做引体向上的人，或者是能演奏最难的和弦的音乐家，或者是成就卓著的孩子的父母，因为这些事情使我们有别于芸芸众生。一旦融入集体，我们就开始寻找脱颖而出的途径。

这是我们如此关心成功人士习惯的一大原因。我们试图模仿成功人士的行为，因为我们自己渴望成功。我们的许多日常习惯都来自我们模仿的崇拜对象。你复制了你所在行业中最成功的公司的营销策略，你从你最喜欢的面包师那里拿来了一份食谱，你借用你最喜欢的作家的讲故事策略，你模仿你老板的沟通方式。我们都会模仿我们羡慕的人。

身居高位的人尽享他人的认可、尊重和赞扬。这意味着，如果一种行为能为我们赢得认可、尊重和赞扬，我们就会认为它很有吸引力。

我们也会尽可能避免可能降低我们地位的习惯行为。我们修剪树篱和草坪，因为我们不想被邻居们认定为懒人；当我们的母亲来访时，我们会打扫房子，因为我们不想被说成不会生活。我们一直想知道"别人会怎么看我"，并根据答案相应地改变自己的行为。

波尔加姐妹，也就是本章开头提到的象棋天才，证明了社会影响会对我们的行为产生强大而持久的影响。三姐妹每天都要花数小时下象棋，并能数十年如一日坚持这么做，这种表现令人叹服。这些习惯和行为之所以对她们一直保持着吸引力，部分原因是三姐妹所处的文化环境对其备加推崇。无论是父母的赞扬，还是不断晋级的身份标识，比如成为国际特级大师，都激励着她们持续做出努力。

本章小结

- 我们生活的文化环境决定着哪些行为对我们有利。
- 我们倾向于培养被我们的文化推崇的习惯，因为我们强烈地渴望融入并属于这个群体。
- 我们倾向于模仿三个社会群体的习惯：亲近的人（家人和朋友）、多数人（我们所属的群体）和权威（有地位和威望的人）。
- 为了培养更好的习惯，你能做的最有效的事情是加入一种文化，在这种文化中：（1）你期望的行为是正常的；（2）你已经和这个群体有一些共同之处。
- 群体的正常行为往往压倒个人期望的行为。大多数时候，我们宁愿跟众人一起犯错，也不愿特立独行坚持真理。
- 如果一种行为能为我们赢得认可、尊重和赞扬，我们就会认为它很有吸引力。

第 10 章

如何找到并消除你坏习惯的根源

2012 年末,我坐在一间旧公寓里,这里离伊斯坦布尔最著名的"独立大街"仅几个街区。我正在土耳其进行为期四天的旅行,我的导游迈克(Mike)正坐在离我几步远的破扶手椅里闭目养神。

迈克并不是真正的导游,他来自缅因州,已经在土耳其生活了五年,但是他主动提出在我访问这个国家的时候带我四处看看,我接受了他的建议。在这个特别的夜晚,他邀请我同他的几个土耳其朋友共进晚餐。

我们共有七个人,我是唯一一个在人生某个阶段没有每天至少吸一包烟的人。我问其中一个土耳其人,他是怎么开始吸烟的。"朋友,"他说,"总是从你的朋友开始。一个朋友吸烟,然后你就跟着开始吸。"

真正令人不可思议的是,房间里有一半的人设法戒了烟。那时迈克已经戒烟好几年,他一再发誓说自己就是因为读了《艾伦·卡尔的简易戒烟法》,才改掉了这个习惯。

"它会帮你摆脱对吸烟的精神依赖,"他说,"它告诉你:'别再欺骗自己。你很清楚自己其实不想吸烟,你很清楚自己并不喜欢吸烟。'它让你感觉自己不再是受害者。你开始认识到自己不需要吸烟。"

我从未尝试过吸烟，但出于好奇，我后来大致翻阅了这本书。作者采用了非常有趣的策略来帮助吸烟者消除他们的烟瘾。他重新梳理了每一条与吸烟相关的提示，并赋予它们新的含义。

他是这么说的：

> 你认为自己正在戒除某种东西，但其实你并没有戒除任何东西，因为香烟对你毫无益处。
> 你认为吸烟是社交需要做的事情，但事实并非如此。你完全不用吸烟就可以进行社交。
> 你认为吸烟是为了缓解压力，其实并没有。吸烟并不能缓解你的神经紧张，相反，它会破坏你的神经系统。

他一遍又一遍地重复这些短语和其他类似的短语。"你要牢牢地记住，"他说，"你没有丝毫损失，相反，你不仅在健康、精力和金钱方面受益良多，而且在自信、自尊、自由等方面获益匪浅，最重要的是，在你未来生命的长度和质量方面都将取得惊人的积极成果。"

当你读到这本书的结尾时，你会觉得吸烟似乎是世界上最荒谬的事情。如果你不再期望吸烟给你带来任何好处，你就没有理由继续吸烟。这是对行为转变第二定律的反用：让它缺乏吸引力。只要想戒，你就能戒烟。好吧，我知道这个说法听起来可能过于简单。但是请你先别急着予以否定。

渴求来自哪里

每个行为都有表层的渴求和深层的动机。我经常有这样的渴求:"我想吃玉米卷。"如果你问我为什么要吃玉米卷,我不会说"因为我需要食物来生存"。[129] 但真相是,在内心深处,我有吃玉米卷的动机,因为我必须吃东西才能活着。我的根本动机是获得食物和水,只不过具体表现为我特别想吃玉米卷罢了。

我们的一些潜在动机包括:①

- 节省精力
- 获取食物和水
- 寻找伴侣并传宗接代
- 与他人建立联系
- 赢得社会认可
- 减少不确定性
- 获取地位和声望

渴求只是深层动机的具体表现。你的大脑并非因为渴求吸烟、查看照片墙(Instagram)或玩电子游戏而进化。在更深层次上,你只是想减少不确定性和缓解焦虑,赢得社会的认可和接纳,或者获得一定的社会地位。

看看养成习惯的任何一种产物,你会发现它并未让人产生新的动机,而是攀附在人性的潜在动机之上。

---

① 这只是潜在动机的部分列表。在 jamesclear.com/best-books/business 上,我提供了一份更完整的清单,以及将它们应用于商业的更多示例。

> 寻找伴侣并传宗接代 = 使用交友软件（Tinder）
> 与他人建立联系 = 浏览脸书（Facebook）
> 赢得社会认可 = 将照片发布到照片墙
> 减少不确定性 = 在谷歌上搜索答案
> 获取地位和声望 = 玩电子游戏

你的习惯其实是用以满足古老欲望的现代方法，也就是旧恶习的新形式。隐藏在人类行为背后的潜在动机一直没变。我们的特定习惯随历史阶段的不同而有所演化。

亮点在这里：有许多不同的方法来满足相同的潜在动机。一个人可能通过吸烟缓解情绪，另一个人则可能通过跑步减轻焦虑。你目前的习惯不一定是解决你面临问题的最佳方式，它们只是你掌握的方法。一旦把一个解决方案和你需要解决的问题联系起来，你就会不断地反复加以应用。

习惯就是关联。这些关联决定了我们是否值得不断重复某种习惯。正如我们在讨论第一定律时所述，你的大脑不断在周边环境中吸收信息并留意提示。每当你注意到一个提示，你的大脑就会进行推演，并预测下一时刻该做什么。

提示：你注意到炉子很烫。
预测：假如我触摸它，我会被烫伤，所以我应该避免触摸它。

提示：你看到交通信号灯变绿了。
预测：假如我踩油门，我会安全地通过交叉路口，接近我的目的地，所以我应该踩油门。

你看到一条提示，根据过去的经验对其进行分类，并做出适当的反应。

这一切都发生在一瞬间，但它在你的习惯中起着至关重要的作用，因为每个动作都是预测的产物。生活让人感觉是在被动应对，但实际上都是可预测的。你整天都在根据自己看到的和以往的经验，预测出下一步最佳的应对行动，你没完没了地预测下一刻会发生什么。

我们的行为严重依赖这些预测。换句话说，我们的行为在很大程度上取决于我们如何解释与自己相关的事件，而未必是事件本身的客观现实。两个人看着同一支香烟，一个人产生了吸烟的冲动，而另一个人则厌恶它的气味。同样的提示会因每个人的预测不同而引发好习惯或坏习惯。你养成习惯的原因实际上是之前的预测。

这些预测会产生感觉，也就是我们通常用来描述渴求，即某种感觉、欲望、冲动的典型方式。感觉和情绪将我们察觉的提示以及我们的预测转化为我们可以加以应用的信号。它们有助于解释我们当前的感知。例如，不管你是否意识到这一点，你都注意到你现在感觉有多么温暖或多么寒冷。如果气温下降 1 华氏度，你或许毫无察觉。然而，如果气温下降 10 华氏度，你会感到冷，并且会多穿一件衣服。感觉寒冷是促使你采取行动的信号。你一直都感觉得到这些提示，但是只有预计到再不改变现状就会陷于不利时，你才会采取行动。

渴求是一种缺乏某些东西的感觉，是改变你内在状态的愿望。当温度下降时，你的身体目前的感觉和它想要的感觉之间存在差距。你当前的状态和你想要的状态之间的差距为你提供了一个行动的理由。

欲望就是你的现状与你设想中的未来状况之间的差别。哪怕是在最微小的动作背后，也隐含着想要改变现状以获得不同于当前感受的动机。当你大吃大喝、点上一支烟或浏览社交媒体时，你真正想要的不是薯片、香烟或一大把点赞，而是想要体验这些异乎寻常的感觉。

感觉和情绪告诉我们是安于现状还是改变现状。它们帮助我们选定最佳行动方案。神经学家们发现，当情绪和感觉受损时，我们实际上就失去了决策能力。[130] 我们会失去追求的目标，同时不知道该躲避什么。就如神经学家安东尼奥·达马西奥（Antonio Damasio）所解释的那样："正是情感让你能够将事情标记为好、坏或无关紧要。"[131]

总而言之，你感受到的特定欲望和你展现出的习惯其实都体现着你深藏的、蠢蠢欲动的根本动机。每当一个习惯成功地满足了一个动机，你就会产生一种再次尝试的渴求。经过一段时间的操作，你了解到原来浏览社交媒体会帮助自己感受到爱，或者观看 YouTube 上的视频会让你忘记恐惧。当我们将习惯与积极的情感联系起来时，习惯就有了吸引力，我们有了这种认识，可以为己所用，不断寻找乐趣，同时避免烦心事。

如何重塑你的大脑，让自己享受高难度的习惯

如果你能学会将高难度的习惯与积极的内心体验联系起来，你就能使它们具备吸引力。有时候，你只需要稍微改变一下心态。例如，我们经常说起在特定的一天必须做的事，比如，你得早起上班、你得打电话给潜在的客户以提高销售业绩、你得为家人准备晚餐。

现在想象一下，仅仅换个字：你不是"得"而是"想"做那些事。[132] 你想早起上班、你想打电话给潜在的客户以提高销售业绩、你想为你的家人做晚饭。只需要换个词，你就可以改变看待每个事件的方式，从将这些行为视为负担转变为视它们为机遇。

关键是上述两种说法都是对的。你得做这些事，你也想做这些事。无论我们选择何种心态，都能找到证据。

我曾经听到过一个使用轮椅的人的故事。当别人问他是否感觉行动受限时，他答道："我没有被困在轮椅上，我被它解放了。要不是因为我的轮椅，我就只能躺在床上，根本不能到户外活动。"[133] 这种视角的转变彻底改变了他每天的生活状态。

重建你的习惯，突出它们的益处而非不足，这种短平快的方式可以改变你的思维方式，并让一个习惯更有吸引力。

第一，锻炼。许多人认为锻炼是一项具有挑战性的任务，会消耗能量，让人疲惫不堪。你可以很容易就换个视角，把它看作培养技能和增强体质的途径。别再对自己说"我需要一早去跑步"，而是要说"是时候增强我的耐力、加快跑步速度了"。[134]

第二，财务管理。省钱通常意味着做出牺牲。然而，假如你意识到了一个简单的事实，你就可以把省钱与自由而不是限制相关联：生活在你目前的收入水平之下会让你未来的生活宽裕。你这个月省下的钱会提高你下个月的购买力。

第三，冥想。任何尝试冥想超过3秒钟的人都知道当下一次分心不可避免地进入你的脑海时会有多沮丧。当你意识到每一次中断都会给你一个练习呼吸的机会时，你可以将沮丧转化为喜悦。分心是一件好事，因为你需要分心来练习冥想。

第四，赛前紧张。许多人在大庭广众之下发表演讲或参加重要赛事都会感到焦虑。他们的呼吸会变得急促，心率会加快，对外部环境更敏感。如果从负面解读这些感受，我们会感到危险和紧张；如果从正面解读这些感受，我们就能以流畅和优雅的方式做出反应。你可以将"我很紧张"定义为"我很兴奋，肾上腺素的增加可以帮助我集中注意力"。[135]

这些小小的思维定式发生转变并不神奇，它们可以帮助你改变与特定习惯或情况相关联的感觉。

如果你想更进一步，你可以创设一种激励仪式。你只需要练习把你的习惯和你喜欢的东西联系起来，然后无论何时，你需要多一点动力，这样你就可以启用这个提示。例如，你在做爱前总是播放同一首歌，那么你会开始将这首歌与做爱相关联，每当你想酝酿这种情绪时，就按下播放键。

匹兹堡的拳击手和作家埃德·拉蒂莫尔（Ed Latimore）在无意间得益于类似的策略。[136]"真够神奇的，"他写道，"我发现在写作时，只要戴上耳机，我的注意力就会集中，我甚至不需要播放音乐。"他其实是在自我调节，只是没有意识到罢了。一开始，他戴上耳机，播放一些他喜欢的音乐，并专注于工作。这样做过5次、10次、20次之后，戴上耳机的举动就自动成了他联想到注意力集中的提示，对戴耳机的渴求自然随之而来。

运动员们使用类似的策略来调整自己的心态，从而进入比赛模式。在我的棒球生涯中，我养成了每次比赛前做伸展和投掷动作的特定习惯。整个过程大约持续10分钟，而且每次我都做得一模一样。这种做法可以帮我热身，但更重要的是，它让我进入了应有的精神状态。我开始将赛前仪式与争强好胜和专注联系起来。即使我事先没有受到激励，当完成这个仪式后，我已经进入了"竞技模式"。

你可以在做任何事时都采用这种策略。比如，泛泛而论，你就想感觉更快乐。找到真正让你开心的事，如抚摸你的狗或者洗个泡泡浴，然后在做这些事情之前，创建一个你每次都要做的简短的例行程序。也许你可以做3次深呼吸，然后微笑一下。

深呼吸3次、微笑、拍拍狗，如此往复。

最终，你会把这种"深呼吸+微笑"的例行模式与心情愉快联系起来。它成为一个提示，意味着你感觉快乐。一旦建立了这种关联，你可以在任何需要改变情绪状态的时候加以应用。工作压力太大？做3次深呼吸，然后微笑。生活不如意？做3次深呼吸，然后微笑。一旦养成了习惯，相关的提示会引发渴求，即使它与最初的情形毫无关系。

找到坏习惯形成的源头并予以根除的关键是重新构建你对坏习惯的关联。这并不容易，但是如果你能重新编程你的预测，你就能把令人望而却步的习惯变成有吸引力的习惯。

本章小结

- ➢ 行为转变第二定律的反用是让它缺乏吸引力。
- ➢ 每种行为都有表层的渴求和深层的动机。
- ➢ 你的习惯是解决古老欲望的现代方法。
- ➢ 你习惯的原因实际上是基于之前的预测。这种预测会让人产生一种感觉。
- ➢ 强调避免坏习惯所带来的好处，让坏习惯不再有吸引力。
- ➢ 当我们将习惯与积极的感受相关联，习惯就有了吸引力；反之，则没有吸引力。在开始培养难度较大的习惯之前，先做些你喜欢的事情来创设一种激励仪式。

如何养成好习惯

第一定律	让它显而易见
1.1	填写"习惯记分卡"。记下你当前的习惯并留意它们
1.2	应用执行意图。"我将于 [时间] 在 [地点] 做 [行为]。"
1.3	应用习惯叠加。"继 [当前习惯] 之后,我将 [新习惯]。"
1.4	设计你的环境。让好习惯的提示清晰明了
第二定律	让它有吸引力
2.1	利用诱惑绑定。用你期望的行为强化你需要的动作
2.2	加入把你期望的行为视为正常行为的文化群体
2.3	创设一种激励仪式。在养成有难度的习惯之前先做一些自己喜欢的事
第三定律	让它简便易行
第四定律	让它令人愉悦

如何戒除坏习惯

第一定律反用	让它无从显现
1.5	降低坏习惯出现的频率。把坏习惯的提示清除出你所在的环境
第二定律反用	让它缺乏吸引力
2.4	重新梳理你的思路。罗列出戒除坏习惯所带来的益处
第三定律反用	让它难以施行
第四定律反用	让它令人厌烦

你可以登录 jamesclear.com/atomic-habits/cheatsheet 下载这个习惯备忘单的打印版本。

第三定律

让它简便易行

第 11 章

慢步前行，但决不后退

上课的第一天，佛罗里达大学的杰里·尤尔斯曼（Jerry Uelsmann）教授将他的电影摄影学生分成两组。他解释说，教室左侧的每个学生属于"数量"组。他们作品的数量将成为评分的唯一标准。在上最后一节课时，他会统计每个学生提交的照片数量。假如他们提交了 100 张，可以得到 A；提交了 90 张可以得到 B；提交了 80 张可以得到 C，依此类推。

教室右侧的每个学生则属于"质量"组。他们作品的品质是评分的唯一标准。他们在整个学期里只需制作一张照片，但是要想得到 A，它必须近乎完美。

学期结束时，他惊讶地发现，所有的优秀作品都出自数量组的学生之手。在学期中，这些学生忙于拍照、尝试各种组合和照明、在暗室里测试各种曝光手法并汲取经验教训。在制作数百张照片的过程中，他们磨炼了自己的技能。与此同时，质量组坐而论道，空想着如何达到完美。最后，除了未经证实的理论和一张平庸的照片，他们再无其他能表明自己曾经努力过的东西。[①][137]

试图找到最佳转变方案的努力,比如试图寻找减肥捷径、强身健体的最优方案,以及开展副业的好点子等,很容易陷入困境。我们一门心思地想要找到做事的最佳方式,却从来不付诸行动。对此,伏尔泰这样写道:"至善者,善之敌。"[138]

我称之为酝酿与行动的区别。两者听上去差别不大,但它们真的不一样。酝酿意味着你在计划、策划和学习。这些都是好东西,但是它们不会产生结果。

另外,采取行动是产生结果的行为类型。如果我为写文章而罗列出了二十个想法,那是酝酿;如果我真的坐下来开始写文章,那是行动;如果我要制订一个更好的饮食计划并就此读了一些书,那是酝酿;如果我真的吃了一顿健康的饭,那就是实质上的行动。

有时候酝酿也是有益的,但是它本身永远不会产生结果。不管你和私人教练谈了多少次,都不会让你的身体更健康,只有开始锻炼,才能得到你想要的结果。

如果酝酿并不能带来结果,我们为什么还要这样做?有时我们这样做是因为我们确实需要计划或了解更多情况。但通常我们这样做的理由是它可以让我们感觉自己在取得进展,同时不必承担失败的风险。我们大多数人是回避批评的专家。遭遇失败或被公开评判令人感觉不好,所以我们倾向于避免落入那种境地。这就是你总是在酝酿却不采取行动的最大原因:你是想让可能遭遇的失败来得晚一些。

---

① 大卫·贝尔斯(David Bayles)和特德·奥兰德(Ted Orland)在《艺术与恐惧》一书中讲述了类似的故事。经作者许可,已在这里改编。有关详细说明,请参阅"注释"部分。

一直酝酿并且相信自己在不断取得进展并不难。你心里想着,"我现在已经和四位潜在客户搭上了话。这很好。大方向是正确的",或者"我正为想写的那本书集思广益,思路越来越清晰了"。

酝酿让你感觉自己正在做事。但实际上,你只是在准备做事。当准备工作变成某种形式的拖延时,你需要有所改变。你不想一味地做计划,你想真刀真枪地操练起来。

如果你想培养一种习惯,关键是从重复开始,无须力求完美。你不必描画出新习惯的每一个特征,只需要不断练习。这是第三定律的第一要点:你需要关注的是次数。

形成新习惯需要多久

习惯的形成是一种行为通过重复而变得越来越自动化的过程。你重复活动得越多,你的大脑结构变化得也越多,从而可以更高效地进行那项活动。神经学家称之为"长时程增强"[139]现象。这是指基于最近的活动模式,大脑中神经元之间的联系得以加强。随着每一次重复,细胞间的信号传递得到改善,神经连接变得更加紧密。神经心理学家唐纳德·赫布(Donald Hebb)于1949年率先描述了这种现象,这种现象通常被称为赫布定律:"被一起激发的神经元连在一起。"[140]

重复一个动作会导致大脑出现明显的生理变化。在音乐家中,对于拨吉他弦或拉小提琴弓等身体动作至关重要的小脑比非音乐家的大。[141]与此同时,数学家们的顶下小叶中则有更多的灰质[142],这在计算和运算中起着关键作用。它的大小与花在这个领域的时间量直接相关:数学家年龄越大,经验越丰富,灰质密度的增长就越快。

当科学家分析伦敦出租车司机的大脑时,他们发现,研究对象的海马体——大脑中参与空间记忆的一个区域——比非出租车司机的大得多。[143] 更神奇的是,当司机退休后,海马体也会逐渐变小。就像身体肌肉对常规举重训练的反应一样,大脑的特定区域会因投入使用而发生变化,并且会在荒废后萎缩。

当然,早在神经学家们开始四处探寻之前,人们就已经认识到了重复在建立习惯方面的重要性。1860年,英国哲学家乔治·亨利·刘易斯(George Henry Lewes)指出:"人们在学习一门外语、演奏一种乐器或演练尚不熟悉的动作时,会感到难度极大,因为每种感觉必经的通道尚未建立起来。但是,连续不断地重复打通了沟通途径之后,这种困难顿时烟消云散,这些动作变得如此连贯自如,即便心不在焉也能一气呵成。"[144] 常识和科学证据都认同这一点:重复是一种变化形式。[145]

你每次重复一个动作就激活了一个与这个动作相关的特定神经回路。这意味着养成新习惯最关键的步骤就是不断地重复。这就是为什么那些拍摄大量照片的学生提高了拍摄技能,而那些仅仅对完美照片进行理论分析的学生却没有。一组主动练习,另一组只是被动学习;一组在行动,另一组在酝酿行动。

所有习惯都遵循类似的演变轨迹,从刻苦练习到行动自如,这一过程被称为自动性。自动性是指无须考虑每一个步骤而实施一种行为的能力,这发生在无意识思维接管的时候。[146]

它大概是这样的:

习惯线

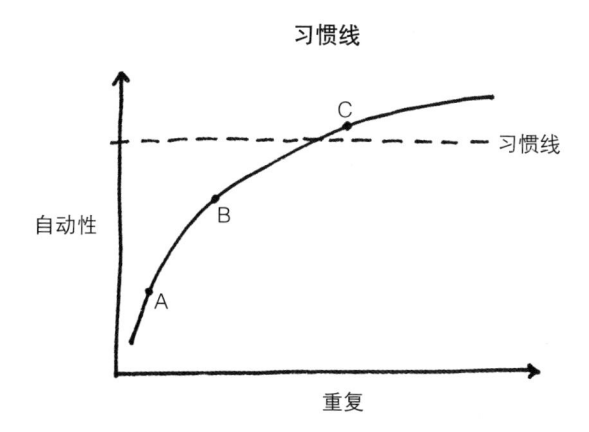

图 11：在开始时（A 点），一个习惯动作需要极大的努力和专注力才能完成。在重复几次后（B 点），它变得容易了一些，但是仍然需要有意为之。经过足够的练习（C 点），习惯成自然，无须有意为之。超越这个界限，即习惯线之后，就可以不假思索地自动完成这个动作，就此形成了一种习惯

每天步行 10 分钟

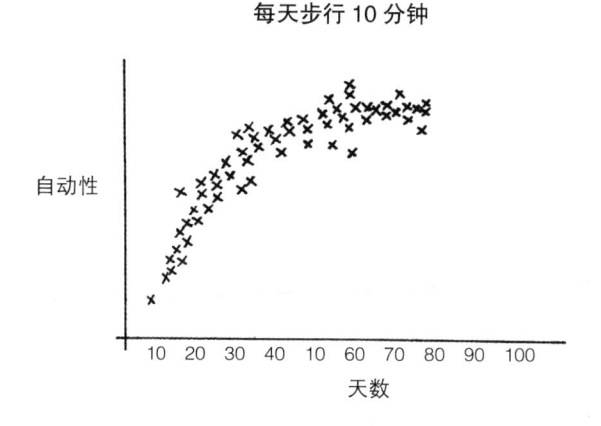

图 12：这个图表显示了一个人养成了每天早餐后步行 10 分钟的习惯。请注意，随着重复次数的增加，自动化程度也会增加，直到行为尽可能简单和自动化

接下来，你会看到，当研究人员跟踪观察已养成的习惯，比如每天步行 10 分钟，所呈现出的自动化程度是怎样的。科学家称

之为学习曲线的这些图表上的形状揭示了行为转变的一个重要事实：习惯是基于频率而不是时长形成的。[147]

我听到人们问得最多的问题是："需要多长时间才能培养一种习惯？"其实人们真正应该问的是："需要多少次才能形成一种习惯？"也就是说，需要重复多少次才能让一种动作变成自然而然的习惯。

就习惯的形成而言，不在于时间长短。不管你连续做了21天、30天还是300天，重要的是你行为的频率。你可以在30天内做2次或者200次。起决定性作用的是频率。你当前的习惯已经在重复了数百次（如果不是数千次）之后被内化了。要养成新习惯需要同样的频率。你需要尝试把足够多的成功串联起来，直到这种行为牢牢地嵌入你的头脑中，使得你超越了那条习惯线。

在现实生活中，需要多久才能实现习惯成自然并不重要，重要的是你要采取你需要采取的行动以取得进步。一个动作是否完全自动并不重要。

要养成习惯，就需要练习。能够坚持练习最有效的方法是遵循行为转变第三定律：让它简便易行。接下来的章节中将向你展示如何做到这一点。

本章小结

> 行为转变第三定律是让它简便易行。
> 最有效的学习形式是付诸实践，而不是纸上谈兵。
> 专注于采取行动，而不只是酝酿行动。
> 习惯的形成是一种行为通过重复而变得越来越自动化的过程。
> 习惯的形成不在于时间长短，而在于重复的次数。

第 12 章

最省力法则

人类学家和生物学家贾雷德·戴蒙德（Jared Diamond）在他的获奖著作《枪炮、病菌与钢铁：人类社会的命运》中指出了一个简单的事实：不同的大陆有不同的形状。乍看之下，这种说法似乎只是简单的事实陈述，毫无价值，但实际上它对人类行为有着深远影响。

美洲的主轴线从北向南延伸。也就是说，北美和南美的陆地呈现出狭长而非宽阔的形态。非洲大体上也是如此。同时，包含欧洲、亚洲和中东的欧亚板块却恰恰相反。这片广阔的大陆呈现出东西走向的形状。按照戴蒙德的说法，这种形状上的差异在数百年的农业传播史上发挥了重要作用。[148]

当农业开始在全球传播时，农民沿着东西走向扩展种植面积比沿着南北走向更容易。这是因为位于同一纬度的地区通常有相似的气候、日照时间、降雨量以及季节变化。这些因素使得欧洲和亚洲的农民能够驯化几种作物，并在从法国到中国的整个大陆上种植这些作物。

人类行为的形态

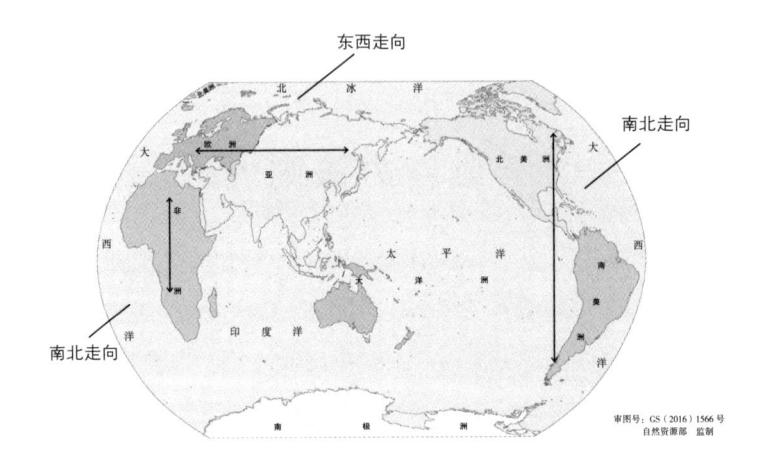

图 13：欧洲和亚洲的主轴是东西走向，美洲和非洲的主轴是南北走向。这导致美洲上下的气候条件与欧洲和亚洲相比更具多样性和差异化。这使农业在欧洲和亚洲的传播速度几乎是其他地区的两倍。农民的行为一直受到地理环境的掣肘，即使在数百年或数千年的时间跨度上也是如此

相比之下，在从北向南的走向上，气候变化极大。试想一下，佛罗里达与加拿大之间的气候差别有多大！就算你是世界上最有创造性的农民，也无助于你在加拿大的冬天种植佛罗里达的橘子。雪不能代替土壤。为了在南北走向上种植作物，农民们需要在每个气候带找到并驯化新的作物。

正因如此，农业在亚洲和欧洲的传播速度比在南北美洲快了 2 ~ 3 倍。从数百年的时间跨度来衡量，这种微小的差异产生了非常大的影响。粮食产量的增加使得人口能够快速增长。随着人口越来越多，这些文化族群能够建立更强大的军队，更有能力开发新技术。这些变化——例如种植范围稍有扩大的一种作物，或者人口增长速度稍快——起初并不起眼，但随着时间的推移，形成

了巨大的差异。

农业普及史为行为转变第三定律提供了一个全球级范例。传统智慧认为动机是习惯转变的关键。也许真是这样。也就是说，假如你真的想要，你就真的会去做。但事实是，我们真正的动机是贪图安逸，怎么省事就怎么做。不管最新出版的提高生产效率方面的畅销书怎么说，图省事才是一个聪明而非愚蠢的策略。

精力是宝贵的，而大脑的设定就是尽一切可能保存精力。人类的天性就是遵循最省力法则[149]：当在两种相似的选项之间做决定时，人们自然会倾向于需要最小工作量的那一个。① 例如，将你的农场向东扩展，在那里，你可以种植同样的作物，而不是去气候不同的北方。在我们可能采取的所有行动中，最终被选择的行动一定是能以最小的努力获得最大价值的那一个。我们被激励着避重就轻，只做容易的事。

每个动作都需要消耗一定的能量。所消耗的能量越多，重复该行为的可能性就越小。如果你的目标是每天做 100 个俯卧撑，那要耗费很多能量！一开始，你正在兴头上，干劲十足，鼓足勇气开始做。但是几天之后，如此巨大的付出让你感觉精疲力竭。与此同时，每天做 1 个俯卧撑则轻而易举，坚持下去也不难。习惯需要的能量越少，重复该行为的可能性就越大。

看看任何占据你生活大部分时间的行为，你会发现它们简便易行，不需要有多大激励。像玩手机、查看电子邮件和看电视这样的习惯占用了我们很多时间，因为它们几乎不用费力就能完成，做起来方便极了。

---

① 这是物理学中的一项根本原则，即人们熟知的最小作用量原理。它的基本含义是，物体在任意两点之间的运动总是遵循最小作用量的路径。这个简单的原则是宇宙法则的基础。你可以由此出发，描述运动和相对论定律。

从某种意义上说，每个习惯都妨碍着你获得真正想要的东西。节食是健身的障碍、冥想是实现内心平静的障碍、写日记是思路清晰的障碍。实际上，习惯本身并不是你想要的，你真正想要的是习惯带来的结果。障碍越大——也就是说，习惯坚持起来越难——你和你想要达到的最终状态之间的阻力就越大。这就是为什么要让你的习惯变得简单至极，只有这样，才能让你即使不喜欢它，也会坚持做。如果你能让好习惯简便易行，你就非常有可能坚持下去。

可是，很多时候，我们做的似乎正好相反，那又是怎么回事呢？如果我们都贪图安逸，那么如何解释人们不畏艰难，一定要完成某些事，比如抚养孩子、创业或攀登珠穆朗玛峰？

当然，你有克服重重困难去做事的能力。问题是，有些时候你会逆流而上，有些时候你只想急流勇退。在那些艰难的日子里，让尽可能多的事情对你有利是至关重要的，这样你就能克服生活中遇到的难处。你面对的阻力越小，你坚强的一面就越有可能显现出来。让它简便易行的方法不仅仅是做容易的事，其主旨是尽可能确保你可以毫不费力地去做具有长期回报的事。

怎样做到事半功倍

想象一下你在花园里浇水，手里的那根软管中间弯折了，水流得不顺畅。[150]假如你想增大出水量，你有两种选择：第一种是把水阀门开到最大，提高水压以增加水流量；第二种是简单地把软管抻直，让更多的水自然流出。

坚持旧习惯并不断给自己打气的做法，很像通过提高水压迫使水冲过弯折的软管。你可以做到这一点，但是这需要耗费气力，并且给你的生活平添紧张气氛。与此同时,你的习惯性动作也可以是简便易行的,就像抻直弯折的软管。与其劳神费力地克服生活中的阻力,不如设法减小阻力。

在你设法减小由你的习惯产生的阻力时,最有效的方法是进行环境设计。在第 6 章中,我们讨论了利用环境设计让提示更显而易见的方法,你也可以优化你的环境,使自己更容易采取行动。例如,在决定从哪里开始培养一个新习惯时,最好选择一个已经与你的日常生活密切相关的地方。当你想要养成的习惯与你的生活节奏合拍时,它们更容易形成。假如在你上班的路上就有健身房,你去健身的可能性就很大,因为顺路去一下并不会给你的生活添麻烦。相比之下,假如健身房并不在你正常通勤的路线上,而是需要绕路才能到的话,那么即便绕得不算远,也会让你觉得有些麻烦。

或许更有效的方法是减少家里或办公室内部出现的阻力。我们常常试图在高阻力的环境中培养习惯。在和朋友聚餐时,我们却要严格按规定饮食;我们试图在乱糟糟的家里写书;我们玩着充满诱惑的智能手机,却奢望注意力集中。我们不一定非得这样。我们完全可以清除妨碍我们办正事的阻力点。这也正是日本电子制造商在 20 世纪 70 年代就开始做的事。

詹姆斯·苏罗维奇(James Suroweicki)曾在《纽约客》杂志上发表了一篇题为《精益求精》的文章,他写道:"日本公司强调为人所知的'精益生产'理念,坚持不懈地努力寻求从生产流程中去除各种浪费,直至重新设计工作环境,使得工人们的身体不必转来转去,从而避免为拿工具而浪费时间。结果是日本工厂比美国工厂效率更高,产品更可靠。1974 年,美国制造的彩色电视机售后服务需求是日本电视机的五倍。到了 1979 年,美国工人组装电视机的时间比日本工人长三倍。"[151]

我喜欢把这个策略称为因减而加。[①][152] 日本公司在整条生产线上寻找每一个阻力点，并予以清除。他们在减少无用功的同时，增加了顾客量和收入。同样，当我们消除消耗我们时间和精力的阻力点时，就能够取得事半功倍的效果。（这是整理房间让人感觉非常好的一个原因：我们减轻了环境施予我们的认知负荷，从此可以轻装前进了。）

如果你有机会留意一下很可能让人欲罢不能的产品，就会发现这些产品和服务的特长之一就是给人带来生活上的便利。有了送餐服务，你就不必去杂货店选购食材；用了交友软件，你就无须逢人便自我介绍一番；拼车服务则让你出行更便利；手机短信功能免去了你去邮局寄信的麻烦。

就像日本电视机制造商重新设计工作空间以减少无用功一样，成功的公司会尽最大可能提高产品的自动化水平，消除或简化尽可能多的操作步骤；减少每个表单上需要填写的空栏数量；简化新建账户所需的步骤；以易于理解的方式交付产品，或者要求客户减少选项。

当首批声控扬声器，如谷歌 Home、亚马逊 Echo 和苹果 HomePod 等智能音箱推向市场时，我曾问一个朋友为何愿意掏钱买这种产品。他答道，以前想听音乐就得掏出手机，打开音乐播放程序并选择播放列表，如今只需简单说一句"播放乡村音乐"就行了。当然，就在几年前，与开车去商店买音乐光盘相比，在你口袋里装着随时能听的海量音乐已经是一种非常便利的情形了。商业上的追求永无止境，总是以更简便的方式提供同样的结果。

---

① 团队和企业也使用"因减而加"这个短语来描述清理团队中能力差的成员，以使团队整体更强大。

政府有效地运用了类似的策略。为了提高税收征收率,英国政府放弃了此前让纳税人转入下载纳税申报表格的网页的做法,而是直接提供了这个表格的链接,此举使得纳税申报响应率从19.2%提高到了23.4%。对于英国这样的国家来说,这几个百分点的变化意味着数百万税收的差额。[153]

这里的中心思想就是创造一个尽可能便于人们做好事的环境。归根结底,为了养成更好的习惯,我们不得不耗费大量精力,设法克服与我们已有的好习惯相关的惰性,同时加大与不良习惯相关的阻力。

为未来的应用做好环境准备

奥斯瓦尔德·纳科尔斯(Oswald Nuckols)[154]来自密西西比州纳茨市,从事信息技术开发工作。他对环境改造本身蕴含的力量有着深刻的理解。

纳科尔斯制定了自己称之为"重启居室"的战略,并通过严谨的实施逐渐养成了清洁的习惯。例如,在他看完电视后,就会把遥控器放回电视机架上,整理好沙发上的靠垫,并把毛毯折叠起来;在他下车后,就会随手扔掉车上的全部垃圾;每当他洗澡时,都会在加热水的间隙擦洗马桶。(按照他的说法,"不管怎么说,清洗马桶的最佳时间就是在你洗澡之前。"[155])"重启居室"的目的不仅仅是在做完一件事之后再加以清理,更是方便做下一件事。

"当我走进一个房间时,一切都井然有序,"纳科尔斯写道,"因为我每天在每个房间都这样做,所以房间内的各种东西都各安其位……人们认为我很勤劳,可实际上我很懒。我只是创造一个将来可以偷懒的条件。这样做会还给你很多时间。"

每当你整理一个空间以满足其预期用途时，你都是在启动该空间，使得接下来的动作简便易行。例如，我的妻子保存了一盒贺卡，并按照不同的用途，如生日、慰问、婚礼、毕业等分门别类。在有需要时，她会信手拿起一张合适的贺卡并寄出去。她总是不忘适时给人寄送贺卡，因为这对她来说早已是轻车熟路，举手之劳。多年来，我的表现一直相反。有人生了小孩，我会想："我该寄张贺卡。"但是一晃几周过去了，等我想起来去商店买贺卡时，已经太迟了。养成随手寄出贺卡的习惯还真不太容易。

有许多方法可以让你预备好环境，以便随时启用。如果你想做一份健康的早餐，把长柄小烧锅放在炉子上，把烹饪喷雾剂放在厨房台面上，并在前一天晚上摆好你需要的所有盘子和器皿。那么你早上醒来时，做早餐就会很容易。

> 想画更多的画吗？把你的铅笔、钢笔、笔记本和绘图工具放在桌面上，让它们触手可及。
> 想锻炼身体吗？提前准备好你的健身服、运动鞋、运动包和水瓶。
> 想改善你的饮食吗？周末清洗并切好一堆水果和蔬菜，分装在容器里，这样你就可以在整个星期内随时吃到健康食品。

这些都可以使你比较轻松自如地养成好习惯。

你也可以反过来做，按照有利于戒除不良行为的方式预备你的环境。例如，你觉得自己看电视过多，那么每次看完后都拔掉电源插头，只有当你能大声说出你想看的节目名字时，才把它插回去。这种做法带来的麻烦足以防止你漫无目的地看电视。

如果这样做还不行,那就更进一步。每次看完电视就拔下电源插头,并取出遥控器里的电池,这样一来,下次再看时至少需要多花 10 秒钟才能打开电视。如果你真的是顽冥不化,每次看完电视后,就把电视机从客厅搬到壁橱里。这样的话,只有当你真的想看某个节目的时候,你才会把它搬出来。一件事做起来越麻烦,你就越不可能想要继续做。

只要有可能,我会把手机放在不同的房间直到午饭时间。当它就在我身边时,我会莫名其妙地玩一上午。但是当它被放在另一个房间时,我很少想到它。既然不方便拿,只有在必须用时,我才会去拿。结果,我每天上午多出了三四个小时可以不受干扰地工作。

如果觉得把手机放在另一个房间还不够,告诉朋友或家人把它藏起来,过几个小时再还给你。或者请同事帮忙保管一上午,到午餐时间再还给你。

出乎意料的是,实际上只需要稍微增加一点难度,人们就会停止不必要的行为。假如我把啤酒藏在冰箱最里面很难一眼就看到的地方,我喝得就少了;当我从手机上删除社交媒体应用程序后,可能需要几周才会再次下载并登录。这些小手段不太可能遏制真正的上瘾,但对我们中的许多人来说,增加一点点坏习惯的难度可能意味着更容易养成好习惯。你可以想象一下,在做出几十次这种改变后,累积的效应有多大!这样一来,你肯定会生活在一个易于学好、难以学坏的环境中。

无论我们作为个人、父母、教练还是领导者,面对行为改变时都应该问自己同样的问题:"我们该怎么设计一个让人们的行为易于端正的世界?"重新设计你的生活,让对你来说最重要的事成为最容易做的事。

本章小结

- 人类行为遵循最省力法则。我们天然地倾向于付出最少工作量的选择。
- 创设一个环境,尽可能让人们便于做正确的事。
- 降低与良好行为相关的阻力。阻力小,习惯就容易养成。
- 增加与不良行为相关的阻力。阻力大,习惯就难以养成。
- 预备好你的环境,使未来的行动更容易。

第 13 章

怎样利用两分钟规则停止拖延

特怀拉·萨普（Twyla Tharp）被广泛认为是现代伟大的舞者和编舞家之一。1992 年，她获得了以"天才奖学金"著称的麦克阿瑟奖学金。她职业生涯的大部分时间都被用来在全球巡回演出她的原创作品。她把自己的成功归功于简单的日常习惯。

"我的每一天都从一个仪式开始，"她写道，"我早上五点半醒来，穿上我的练功服、汗衫，戴上暖腿套和帽子。我走出我在曼哈顿的家，叫辆出租车，告诉司机带我去位于 91 街和第一大道交叉口的'健美之路'健身馆，在那里我会锻炼两个小时。

"我说的仪式不是指我每天早上在健身房的伸展和负重训练，而是出租车。在我告诉司机去哪里的那一刻，我就做完了整个仪式。

"这是个极其简单的动作，但是每天早上都以同样的方式去做，就成了一种习惯性动作——使它可以重复，易于做到。它减少了我偷懒或以不同方式做它的机会。它不过是在我的日常行为库[156]里又加了一项，同时减少了一件需要想起来才会做的事。"

每天早上叫出租车可能是一个微小的动作，但它却是行为转变第三定律的极佳例证。

研究人员估计，我们每天的行动中有40%～50%出自习惯。[157]这已经占比很高了，但是你的习惯产生的真正影响远大于这些数字所显示的。习惯属于自动选择，会影响随后经深思熟虑做出的决定。是的，一个习惯动作可以在几秒钟内完成，但是它也可以塑造你在几分钟或几小时后采取的行动。

习惯就像高速公路的入口匝道。它们引导你走上一条路，使你在不知不觉中加速前进，直到走上正路。持续做你已经在做的事似乎比重新开始做不同的事要容易得多。你会坚持看完长达两个小时的烂电影；即使你已经吃饱了，你依旧不停地吃零食；你本想着就玩"一小会儿"手机，结果是20分钟很快就过去了，你仍然盯着手机屏幕。就这样，你不假思索遵循的习惯往往左右着你有意做出的选择。[158]

每天晚上，总有个微小的时刻——通常是下午5点15分左右——给我的整个夜晚定下基调。我妻子下班后回到家，我们要么换上健身服去健身房，要么点份印度菜外卖，躺倒在沙发上看美剧《办公室》。① 就像特怀拉·萨普叫出租车一样，换上健身服是我们举行的仪式。如果我换衣服，我知道接下来就是去健身。一旦我迈出了第一步，接下来的一切——开车去健身房，决定做哪些锻炼，比如举杠铃——就都很容易了。

每天都有几个时刻会产生巨大的影响。我把这些小选择称为决定性时刻。[159] 你决定叫外卖或者在家自己做晚餐的那一刻、你决定开车或者骑自行车的那一刻、你决定开始做家庭作业或者拿起电子游戏控制器的那一刻，这些选择就是生活之路上的岔路口。

---

① 客观地说，这听起来仍然是一个美妙的夜晚。

决定性时刻

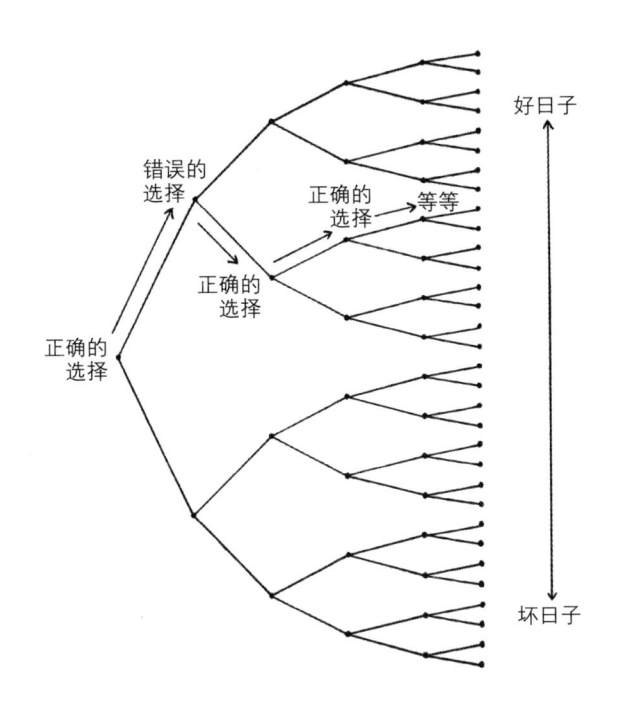

图 14：经历好日子还是坏日子通常取决于你在决定性时刻是否做出了有益和健康的选择。每次选择都像是你站在一个岔路口，这些选择累积一整天后，最终会导致截然不同的结果

　　决定性时刻为你的未来设定了选择。例如，走进餐馆是一个决定性时刻，因为它决定了你午餐吃什么。从技术上说，你可以控制你点的菜，但是从更高一层来看，你只能点菜单上列出的菜。如果你走进牛排店，你可以吃到里脊肉或肋眼肉，但吃不到寿司。你的选择面受到供应的限制。你选择进了哪家店，就会受制于这家店能提供的食品种类。

　　我们受到自身特有的习惯带来的限制，这就是掌控一天中决定性时刻如此重要的原因。每一天都由许多时刻组成，但真正决定你一天行为的是你的一些习惯性选择。这些小选择累积起来，每一个都为你如何度过下一段时间设定了轨迹。

习惯是切入点，而不是终点；是出租车，而不是健身房。

两分钟规则

即使知道应该从小处着眼，第一步也很容易迈得太大。当你梦想做出改变时，你会抑制不住地异常兴奋，一时头脑发热，就容易贪多嚼不烂。我所知道的对抗这种趋势最有效的方法是使用两分钟规则[160]，也就是：″当你开始培养一种新习惯时，它所用时间不应超过两分钟。″

你会发现几乎任何习惯都可以缩减为两分钟的版本：

> ″每晚睡前阅读″变成″读一页″。
> ″做 30 分钟瑜伽″变成″拿出我的瑜伽垫″。
> ″复习功课″变成″打开我的笔记″。
> ″整理衣物″变成″叠一双袜子″。
> ″跑 3 英里″变成″系好我的跑鞋鞋带″。

这样做的思路是让你的习惯尽可能容易开始。任何人都可以沉思一分钟、读一页书，或者叠好一件衣服。正如我们刚刚讨论的，这是一个强大的策略，因为一旦你开始做正确的事情，继续做下去会容易得多。一个新习惯不应该让人觉得是个挑战。接下来的行动可能具有挑战性，但是最初的两分钟应该不难。你想要的是一种″引子习惯″，它自然会引导你走上更有成效的道路。

一般来说，你可以按照″非常容易″到″非常困难″的级别划分你的目标，从而找出引导你实现期望中的结果的"引子习惯"。例如，跑马拉松的难度非常大，跑 5000 米有些难，走 1 万步稍有难度，步行 10 分钟则很容易，穿上跑鞋只是举手之劳。你的目标可能是跑马拉松，但是你的"引子习惯"是穿上跑鞋。这就是你遵循两分钟规则的方式。

非常容易	容易	中等	困难	非常困难
穿上跑鞋	步行 10 分钟	走 1 万步	跑 5000 米	跑马拉松
写一句话	写一段文字	写 1000 字	写一篇 5000 字的文章	写一本书
打开笔记	学习 10 分钟	学习 3 个小时	学习成绩全部得 A	获得博士学位

人们经常认为，读一页书、冥想一分钟或打个推销电话都是小事一桩，没什么可大惊小怪的。但此处的重点不是做一件事，而是把握住萌芽的习惯。事实是，你首先要确立一种习惯，然后才能不断改进它。如果你掌控不好养护习惯幼苗的基本技能，那么你就不大可能把握好与之相关的细节。不要指望从一开始就培养一种完美的习惯，要脚踏实地、连续不断地做些简单的事。你必须先标准化，然后才能优化。

一旦你学会了呵护习惯的幼苗，前两分钟只是启动正式程序的仪式而已。这并非是为了更容易培养习惯而删繁就简的举动，而是掌握一项困难技能的理想方式。一种程序的开始阶段越是仪式化，你就越有可能实现注意力高度集中，即做大事必需的状态。通过在每次锻炼前做同样的热身运动，你会更容易进入最佳状态。通过遵循同样的创造性仪式，你可以更容易地投入艰难的创造性工作。通过养成定时关灯的习惯[161]，你可以更容易地在每晚合理的时间上床睡觉。你可能无法使整个过程自动化,但你可以让第一个动作变成下意识动作。万事开头难,但要是把开始变得简便易行,接下来的事也就水到渠成了。

对某些人来说,两分钟规则似乎是一个骗局。你明明知道真正的目标是做超过两分钟的事情,所以你可能会觉得这简直是在愚弄自己。没有人真正渴望读一页书、做一个俯卧撑或者打开课堂笔记。如果你知道这是一个心理骗局,你为什么会上当呢?

如果你觉得两分钟规则带有强制性,试试这个:做一件事,两分钟后停下来。去跑步,但是两分钟后你必须停下来;开始冥想,但是两分钟后你必须停止;学习阿拉伯语,但是两分钟后你必须停下来。这不是开始做一件事的策略,而是你要做的全部。你的习惯只能持续 120 秒。

我的一位读者用这种策略减肥,最终成功减去了 100 多磅。一开始,他每天都去健身房,但是他告诉自己,健身的时间不能超过 5 分钟。他会去健身房,锻炼 5 分钟,时间一到就立刻离开。就这样过了几个星期,他环顾四周,心想:"嗯,反正我总是来这里,不妨多待一会儿。"几年后,他的体重恢复正常了。

写日记提供了另一个例证。几乎每个人都能因写出自己的想法而受益,但是大多数人在写了几天后就坚持不下去了,或者根本就不写日记,觉得它就是件烦心事。[①] 坚持写日记的秘诀是永远别把它变成不得不做的工作。来自英国的领导力顾问格雷戈·麦吉沃恩(Greg Mckeown)养成了每天写日记的习惯,他的具体做法不是写出自己的全部想法,而是适可而止。他总是在感觉写烦了之前及时收笔。[162] 对此,欧内斯特·海明威(Ernest Hemingway)

---

① 我专门设计了一份习惯日记,以便于写日记。它包括"每天一行"部分,你只需要写一句关于自己一天的话。你可以在 jamesclear.com/habit-journal 上学到更多。

也有同感，他针对所有类型的写作提出："最佳做法是一定要在你感觉还好时及时收手。"

养成习惯的例证 [163]

习惯	成为早起者	成为素食者	开始锻炼身体
第1阶段	晚上10点前到家	开始每次用餐都吃蔬菜	换上健身服
第2阶段	每晚10点前关掉所有设备（电视、手机等）	停止食用四条腿动物（牛、猪、羊等）的肉	走出家门（尝试散步）
第3阶段	每晚10点前上床（读书、与伴侣聊天）	停止食用两条腿动物（鸡、火鸡等）的肉	开车去健身房，锻炼5分钟，然后离开
第4阶段	每晚10点关灯	停止食用无腿动物（鱼、蛤蜊、扇贝等）的肉	每周至少一次健身15分钟
第5阶段	每天早晨6点起床	停止食用任何动物制品（鸡蛋、牛奶、奶酪等）	每周健身3次

像这样的策略奏效也有另一个原因：它们强化着你想要建立的身份。如果你连续五天现身健身房，哪怕只在那里停留两分钟，你也是在为你的新身份投赞同票。你去健身房的出发点不是要拥有好身材，而是专注于成为那种不会错过健身的人。你只是采取小小的行动，但它确认着你想成为的那种人。

我们很少考虑以这种方式审视改变，因为每个人都心无旁骛地盯着最终目标。但是做一个俯卧撑总比不锻炼好，一分钟的吉他练习总比从来都不练好。读一分钟书总比根本不读书好。做得比你希望的少总是好过什么都不做。

在某个时刻，一旦你养成了习惯，并且每天都有所表现，就可以将两分钟规则和我们所说的习惯塑造的技术结合起来，将你要培养的习惯向最终目标扩展。

从掌握最小行为的前两分钟开始,然后,向中间阶段推进,并重复这个过程——只关注前两分钟,一定要在这个阶段做扎实,然后继续进入下一个阶段。最终,你会养成自己原本希望养成的习惯,同时仍然把注意力放在它应该在的地方:开始一种行为的前两分钟。

几乎任何宏大的人生目标都可以转化为两分钟的行为。我想健康长寿→我需要保持身材→我需要锻炼→我需要换上我的健身服;我想有幸福美满的婚姻→我需要当个好伴侣→我应该每天做些事情让我的伴侣生活得更轻松→我应该准备好下周的食谱。

每当你努力要保持一种习惯时,都可以采用两分钟规则。这是让你的习惯变得简单的方法。

本章小结

> 习惯可以在几秒钟内完成,但会持续影响你在接下来的几分钟或几个小时的行为。
> 许多习惯发生在决定性时刻,每时每刻的选择就像岔路口,你的选择最终会导致卓有成效或者一事无成的一天。
> 两分钟规则规定:"当你开始培养一种新习惯时,它所用时间不应超过两分钟。"
> 一种程序的开始阶段越是仪式化,你就越有可能进入做大事所需的注意力高度集中的状态。
> 习惯优化前,先要实现标准化。你不能改善一种不存在的习惯。

第 14 章

怎样让好习惯不可避免，坏习惯难以养成

1830年夏天，维克多·雨果（Victor Hugo）面临着一个无法回避的最后期限。十二个月前，这位法国作家向他的出版商许诺要写完一本书。但是他一个字都没写，时间都用来寻求别的项目，招待宾客，因而耽搁了正事。雨果的出版商也无可奈何，只好又设定了新的截止日期，在今后不到六个月的时间里，即1831年2月前必须完成那本书。

雨果制订了一个奇怪的计划来克服自己的拖延症。他把自己所有的衣服归拢到一起，并让助手把它们锁在一个大箱子里。除了一条大披肩，他没有任何衣服可穿。1830年秋冬季，由于没有适合外出的衣服，他一直待在书房里奋笔疾书。[164]《巴黎圣母院》于1831年1月14日提前两周出版。①

有时候，成功不是简单地让好习惯简便易行，更重要的是让坏习惯难以延续。这是行为转变第三定律的反用：让它难以施行。

---

① 具有讽刺意味的是，这个故事和我写这本书的过程非常相似。虽然我的出版商更通融，我的衣橱也装满了衣服，但我还是觉得必须自我禁闭以便完成手稿。

如果你总是不能严格执行事先制订的计划，那么你可以借鉴一下维克多·雨果的做法，通过创造心理学家称之为承诺机制的东西，让你的坏习惯变得难以维持。

承诺机制是指你当下的抉择左右着你未来的行动。[165]这是一种锁定未来行为、约束你养成良好习惯、迫使你远离不良习惯的方法。当维克多·雨果把衣服收起来以便专注于写作时，他创立了一种承诺机制①。

有许多方法可以创建承诺机制。你可以通过购买小包装食品来减少过量饮食；你可以自愿要求加入赌场和在线扑克网站的黑名单，以防止自己将来狂赌；我甚至听说过一些运动员为了在赛前"降体重"，会在称重前一周把钱包留在家里，这样他们就算想吃快餐也没钱买了。

还有一个例子，我的好友、习惯专家尼尔·埃亚尔（Nir Eyal）购买了一个电源定时器，其实就是插在网络路由器和电源插座之间的适配器。每天晚上10点，电源定时器就切断路由器的电源。[167]当互联网关闭时，每个人都知道该睡觉了。

承诺机制是有用的，因为它们能让你在成为诱惑的受害者之前，先让良好的意愿发挥作用。举例来说，每当我想减少热量摄入的时候，都会让服务员在给我上饭菜之前将饭菜分成两份，其中一份打包带走。如果我一直等到饭菜端上来之后，再告诫自己"只吃一半"的话，那就太晚了。

此处的关键是改变你要做的事，使得你开始培养好习惯很容

---

① 这一机制也被称为"尤利西斯契约"或"尤利西斯合约"，得名于荷马史诗《奥德赛》中的英雄尤利西斯。[166]为了克服海妖塞壬天籁之音的诱惑，尤利西斯让水手们把他绑在船的桅杆上，从而避免使船撞向礁石。尤利西斯深知当头脑尚清醒时便锁定未来行为的好处，而不是听凭欲望把自己带向何方。

易，但想摆脱它却要费一番功夫。如果你对练出好身材兴味十足，就给自己报个瑜伽班，并且提前付费；如果你热衷于开创一番事业，可以给你崇敬的企业家发封邮件，约个时间打咨询电话，假如到了需要行动的那一刻你想打退堂鼓，就只能取消事先的约定，这不仅要费些功夫，还可能要有所破费。

承诺机制实则使得坏习惯在当前变得难以施行，从而提高了你未来做该做的事的可能性。不过，我们还能做得更好。我们可以让好习惯不可避免，坏习惯难以养成。

怎样实现习惯成自然

约翰·亨利·帕特森（John Henry Patterson）1844年出生于俄亥俄州代顿。他童年时在家里的农场帮工，并在父亲的锯木厂轮班工作。在达特茅斯上完大学后，帕特森返回俄亥俄州，开办了一家煤矿工人用品商店。

他似乎抓住了一个不错的商机。这家商店几乎没有竞争者，顾客络绎不绝，但仍然赚不到多少钱。一次偶然的机会，帕特森发现他的员工手脚不干净。

19世纪中期，员工偷窃是普遍存在的问题。当时的收据都存放在敞开的抽屉里，很容易被篡改或扔掉。那时也没有摄像头来监控员工的行为，没有用来跟踪交易记录的应用软件。除非你每时每刻都盯着你的员工，或者对每宗交易亲力亲为，否则很难防止偷窃行为。

就在帕特森为此感到一筹莫展时，他看到了一项新发明——"里蒂的廉洁收银员"的广告。

这是由代顿居民詹姆斯·里蒂（James Ritty）设计的，应该是世上第一台收银机。它在每次交易后都会自动将现金和收据锁在收银机里面。帕特森花 100 美元买了两台。

他店里的员工偷窃现象一夜之间就消失了。在接下来的六个月里,帕特森的经营状况从亏损变成了盈利 5000 美元[168]——相当于今天的 10 多万美元。

帕特森被这台神奇的机器迷住了,不惜改变经营方向。他向里蒂买下了此项发明的专利权,并开办了国家收银机公司。经过十年的发展,公司拥有超过 1000 名员工,开始成长为当时成功的企业之一。

破除坏习惯的最佳方法就是让它变得不切实际。不断提高其难度,直到你心灰意懒。收银机的绝妙之处在于,它使偷窃行为变得几乎不可能,从而使人们自动做出符合道德的行为。帕特森并没有试图改变员工,而是让他们自然而然地选择了正确的行为方式。

有些行动,比如安装收银机,会让人们一再受益。这些一次性的选择需要事先付出一些努力,但随着时间的推移,它们会创造越来越多的价值。这种选择一次终身受益的现象令我心驰神往。[169] 我发放了一些调查问卷给我的读者,希望了解哪次行动使得他们后来养成了长期的好习惯,以至于如今依旧让他们津津乐道。下面的表格分享了一些最流行的答案。

我敢说,无论是谁,假如仅仅完成这个清单上的一半任务,即使他并没有想过要借此改变自己的习惯,大多数人会发现自己一年后会过得更好。这些只需要做一次的行动是对行为转变第三定律的直接应用。它们能让你更容易睡好觉、吃得健康、做事效率高、省钱,而且通常能让你生活得更好。

只需一次行动，锁定好习惯

营养	幸福
购买饮用水过滤器	养只狗
用小盘子吃饭，减少热量摄入	搬家到待人友好的社区
睡眠	**一般性健康**
买好床垫	打疫苗
挂上深色窗帘	买好鞋，避免背痛
把电视机移出卧室	买把支撑椅或站立式桌子
生产力	**财务**
取消邮件订阅	加入自动储蓄计划
关闭消息提醒并设置群聊静音	设置自动支付账单
把手机设置为静音	取消有线电视
使用邮件过滤器清理收件箱	要求服务提供商降低某些费用
删除手机上的游戏和社交媒体账号	

当然，有很多方法可以让好习惯招之即来并戒除坏习惯。其中比较典型的就是让技术为你服务。技术可以将以前艰难、恼人和复杂的行为转变成容易、轻松和简单的行为。它是确保正确行为最可靠和最有效的方法。

这对于那些因偶尔为之而难以养成习惯的行为尤其有用。你必须每月或每年做一次的事，比如调整你的投资组合之类的，发生的频率之低不足以形成习惯，于是技术就派上了用场，它可以"记得"帮你做这些事情。

其他例子包括：
- ➢ 药物。处方药可以自动补缺。
- ➢ 个人理财。员工可以通过自动扣薪的方式为退休储蓄。
- ➢ 烹饪。送餐服务等于替代你去了菜市场。
- ➢ 生产力。网站拦截器可以阻止你浏览社交媒体。

在尽可能利用技术让你的生活自动化之后，你就能把腾出的一些时间和精力用在技术还帮不上忙的地方。我们让技术介入的每个习惯都会释放一些时间和精力，可被投入下一个发展阶段。数学家和哲学家阿尔弗雷德·诺斯·怀特海（Alfred North Whitehead）曾写道："我们不断扩展不假思索即可完成的动作数量，从而推动着文明的进步。"[170]

当然，技术也会对我们不利。疯狂追剧成为一种习惯，因为你需要极大的意志力才能迫使自己停下不再看。虽说奈飞或YouTube不会快进到下一集，却会持续为你自动播放，你只需要睁着眼睛看就行了。

科技给人们的生活带来了一定程度的便利，让人们可以随心所欲。你感觉有些饿，叫个外卖就有人把食物送到你家门口；你感觉有点无聊，登录社交媒体，你会沉浸在令人眼花缭乱的内容里。当你实际上可以在零付出的情形下满足自己的愿望，你会发现自己不断受到一时冲动的摆布。自动化的缺点是，我们满足于一件接一件地做些不用费脑子的事，再也不想抽时间做些稍有难度但最终更有意义的事。

我在工作之余总是禁不住要浏览社交媒体上的内容。我只要感觉有些无聊，就会拿起手机。人们很容易自我安慰说这些做法"只是放松一下"而已，但是随着时间的推移，它们会累积成一个严重的问题。持续不断的"再过一分钟"会妨碍我做任何重要的事。(我不是唯一的一个。一般人每天在社交媒体上平均耗费两个多小时。[171] 你可以想象一下每年多出的 700 多个小时可以做多少有意义的事!)

在写这本书的那一年,我尝试了一种新的时间管理策略。每周一,我的助手会重置我所有社交媒体账号的密码,此举使我无法在我的任何设备上登录这些账号。整整一周,我都在工作,没有分心。周五她会把新密码发给我。这样一来,我能在整个周末都享用社交媒体的服务,直到周一早上,她再次重置密码。(如果你没有助手,试试每周和亲友相互重设密码。)

这种做法给我的最大惊喜是我竟然那么快就适应了。在使自己无法登录社交媒体账号的第一周内,我意识到其实我根本不需要像以前那样经常查看里面的内容,也不需要每天都看。这做起来太简单了,后来成了我生活的默认模式。一旦我的坏习惯难以持续,我发现自己确实更想去做有意义的事。在我把精神糖果从我的环境中移除之后,吃健康食品就变得容易多了。

当自动化对你有利时,它会让你的好习惯不可避免,坏习惯难以维持。这是锁定未来行为的可靠方式,而不是听凭自己的意志力随机表现。通过利用承诺机制、战略性的一次性决策,以及技术手段,你可以创造一个使自己无法回避的环境,在这个空间里,好习惯不仅是你期待的结果,也是几乎不可避免的结果。

本章小结

> 行为转变第三定律的反用是让它难以施行。
> 承诺机制是你当前做出的一个选择，它锁定了未来更好的行为。
> 锁定未来行为的终极途径是自动化你的习惯。
> 一次性选择，比如买张好床垫或加入自动储蓄计划，是一种单次行动，可以让你的未来习惯自动化，并随着时间的推移，带来越来越多的奖励。
> 使用技术自动化你的习惯是保证正确行为最可靠和最有效的途径。

如何养成好习惯

第一定律	让它显而易见
1.1	填写"习惯记分卡"。记下你当前的习惯并留意它们
1.2	应用执行意图。"我将于[时间]在[地点]做[行为]。"
1.3	应用习惯叠加。"继[当前习惯]之后,我将[新习惯]。"
1.4	设计你的环境。让好习惯的提示清晰明了
第二定律	让它有吸引力
2.1	利用诱惑绑定。用你期望的行为强化你需要的动作
2.2	加入把你期望的行为视为正常行为的文化群体
2.3	创设一种激励仪式。在养成有难度的习惯之前先做一些自己喜欢的事
第三定律	让它简便易行
3.1	减小阻力。减少培养好习惯的步骤
3.2	备好环境。创造一种有利于未来行为的环境
3.3	把握好决定性时刻。优化可以产生重大影响的小选择
3.4	利用两分钟规则。缩短你的习惯所占用的时间,争取只需要两分钟甚至更少
3.5	自动化你的习惯。在能够锁定你未来行为的技术和物品上有所投入
第四定律	让它令人愉悦

如何戒除坏习惯

第一定律反用	让它无从显现
1.5	降低坏习惯出现的频率。把坏习惯的提示清除出你所在的环境
第二定律反用	让它缺乏吸引力
2.4	重新梳理你的思路。罗列出戒除坏习惯所带来的益处
第三定律反用	让它难以施行
3.6	增大阻力。增加实行坏习惯的步骤
3.7	利用承诺机制。锁定未来会有利于你的选择项
第四定律反用	让它令人厌烦

你可以登录 jamesclear.com/atomic-habits/cheatsheet 下载这个习惯备忘单的打印版本。

第四定律

让它令人愉悦

第 15 章

行为转变的基本准则

20世纪90年代末,一位名叫斯蒂芬·卢比(Stephen Luby)的公共卫生工作者离开了他的家乡内布拉斯加州奥马哈,买了一张去巴基斯坦卡拉奇的单程票。

卡拉奇是世界上人口较多的城市之一。截至1998年,其人口总数超过900万。[172] 它是巴基斯坦的经济中心和交通枢纽,拥有该地区一些最繁忙的空港和海港。在该市的商业区,你可以找到所有大城市标配的便利设施和人头攒动的商业街。但是卡拉奇也是世界上不适宜居住的城市之一。

卡拉奇60%以上的居民生活在棚户区和贫民窟。[173] 这些人口密集的街区满是用旧木板、煤渣砖和其他废弃材料拼凑而成的临时房屋。当时,这里没有垃圾清运系统,没有电网,没有干净的饮用水供应。干旱天,街道上尘土飞扬,垃圾遍地;下雨天,这里会变成污水横流的大泥坑,无数蚊子在死水池中滋生,孩子们在垃圾堆里玩耍。

恶劣的环境条件导致各种疾病蔓延,受污染的水源导致腹泻、呕吐和腹痛的广泛流行。那里有近三分之一的儿童营养不良。如此多的人挤在这么狭小的空间里，病毒和细菌感染可以迅速传播。正是这种公共卫生危机，把斯蒂芬·卢比带到了巴基斯坦。[174]

卢比和他的团队意识到，在卫生条件差的环境中，洗手的简单习惯会对居民的健康产生重要影响，但是他们很快发现其实许多人早就知道洗手很重要。尽管如此，他们并不重视洗手。有些人洗手时只会敷衍了事，有些人只洗一只手。许多人在准备食物之前会忘记洗手。每个人都说洗手很重要，但是很少有人养成认真洗手的习惯。问题不在于是否有意识，而是能否一直坚持。

于是，卢比及其团队与宝洁公司合作，为居民区提供舒肤佳香皂。与一般香皂相比，使用舒肤佳可以给人带来一种更愉悦的体验。

"在巴基斯坦，舒肤佳是一种高级香皂，"[175]卢比告诉我，"这项研究的参与者常常表示他们非常喜欢用它。"这种香皂很容易起泡，人们用它洗手时，满手都是丰富的泡沫。它还散发出好闻的香气。很快，洗手变成了一种令人愉悦的体验。

"我认为推广洗手活动的目标不是行为上的转变，而是养成一种习惯，"卢比说，"一般来说，人们更愿意使用能带来强烈感官愉悦的产品，比如散发着薄荷香型的牙膏，但像用牙线清洁牙齿的做法，因为缺乏感官愉悦的体验而难以养成习惯。宝洁公司的营销团队就主张创造积极的洗手体验。"

没过几个月，研究人员发现这一聚居区儿童的健康状况发生了变化：腹泻率下降了52%，肺炎减少了48%，细菌性皮肤感染的脓疱病则下降了35%。[176]

长期坚持的话效果更好。"我们六年后回访了卡拉奇的一些家庭，"卢比告诉我，"发现在当年免费获得香皂用以培养洗手习惯的家庭中，超过 95% 的家庭都自行预备了专门洗手的地方，有清水和香皂……我们在过去五年中没有给干预小组提供任何香皂，但是在试验期间，他们已经养成了洗手的习惯，更难得的是他们一直坚持这么做。"[177] 这其实就是行为转变第四定律也是最后一条定律的有力例证：让它令人愉悦。

一旦我们体验到做一件事所享有的乐趣，就很可能愿意重复去做这件事，这完全合乎逻辑。即使是用香皂洗手这种小事，人们体验到了闻起来很香，丰富的泡沫令人赏心悦目，由此产生的快乐感觉会给大脑发送信号："这感觉很好，继续这么做。"人们享受到的快感会告诉大脑，某种行为值得记住和重复。

口香糖的故事就是一个很好的实例。早在 19 世纪初，口香糖就已投放市场，但其市场表现一直不温不火。[178] 随着 1891 年箭牌的推出，口香糖的销量开始飞速增长。此后，嚼口香糖成了遍及世界的习惯。早期的口香糖品种是由淡而无味的胶基制成的——耐咀嚼，但味同嚼蜡。箭牌公司的口香糖增加了留兰香和多汁水果等风味，使产品变得美味诱人，由此彻底改变了这个行业。[179] 然后该公司更进一步，开始大力宣传口香糖清洁口腔的功能。箭牌口香糖的广告词是"清新你的口气"。

香甜的味道和清新的口气让广告宣传的卖点落到了实处，人们在使用这种产品时感觉心旷神怡。从此，口香糖的消费量飙升，箭牌也随之成为世界上最大的口香糖公司。[180]

牙膏也有类似的发展轨迹。[181] 制造商在他们的产品中添加了留兰香、薄荷和肉桂等香料，并获得了巨大成功。这些香料不会提高牙膏的功效，只会创造一种"清爽的口腔"的感觉，让刷牙的体验更加愉悦。就因为口味上的偏好，我妻子放弃了舒适达牙膏，改用另一种薄荷味更浓的产品。事实证明她没有选错，新选牙膏的余味让她感觉很开心。

　　反之，如果我们体验到的是不愉悦，就肯定不想继续做某件事。在研究的过程中，一位女士给我讲了这样一个故事：她有位自恋得厉害的亲戚，他的一言一行都让她难以忍受。为了摆脱这位极端自私的亲戚，她在不得不与他相处的时刻表现得枯燥乏味。有过几次这种经历后，她的亲戚开始回避她，因为她这个人太无趣了。[182]

　　类似这样的故事证明了行为转变的基本规则：重复有奖励的行为，避免受惩罚的动作。

　　你会根据过去所得到的奖励（或受到的惩罚）学习将来该怎么做。积极的情绪有益于培养习惯，消极的情绪则会摧毁它们。

　　行为转变的前三条定律——让它显而易见、让它有吸引力、让它简便易行——增加了当下这种行为发生的概率。行为转变的第四条定律——让它令人愉悦——提高了下次重复这种行为的可能性。这四条定律形成了完整的习惯循环。

　　但是有一点需要注意：我们不只是在寻找满足感，我们需要的是即时满足感。

即时奖励与延迟奖励之间的脱节

　　想象你是在非洲大草原上游荡的动物——长颈鹿、大象或狮子。在任意一天，你的大多数决定会产生立竿见影的效果。你总是在想吃什么、在哪里过夜或者怎样设法躲开捕食者。你无时无刻不在关注着眼下或不久的将来。你生活在被科学家们称之为即时回报的环境中，因为你的行为会立即产生明确无误的结果。

　　现在回到你的人身。在现代社会中，你今天做出的许多选择不会让你立即受益。假如你在工作中做得很好,你会在几周后拿到薪酬;假如你从今天开始锻炼,也许到明年你才会瘦下来;假如你从现在存钱,也许几十年后你就有足够的钱退休了。你生活在被科学家称之为延迟回报的环境中,因为你要工作很多年后才能看到预期的回报。

人类的大脑并没有一直在延迟回报的环境中进化。现代人类,即晚期智人(Homo sapiens sapiens)最古老的遗骸大约有二十万年的历史。[183] 他们是第一批大脑与我们的大脑最接近的人。具体地说,就是我们大脑的新(大脑)皮层——大脑的最新部分以及负责语言等高级功能的区域——大约和二十万年前一样大。[184] 你的硬件大脑与旧石器时代祖先的大脑没什么两样。

人类社会也就是在最近,即过去五百年左右,才转变成了以延迟回报为主的环境。①[185] 与古老的大脑相比,现代社会是全新的。在过去的一百年里,我们看到了汽车、飞机、电视、个人电脑、互联网、智能手机和碧昂斯的崛起。近年来,整个世界发生了天翻地覆的变化,但人性的变化微乎其微。[186]

与非洲大草原上的其他动物一样,我们的祖先日复一日地设法应对严重的威胁,想办法找到吃的,并躲避暴风雨。由此看来,重视即时满足是有道理的,活在当下,何必要杞人忧天。在即时回报的环境中生活了成千上万代之后,我们的大脑进化得偏爱快速回报而不是长期回报。[187]

行为经济学家称这种趋势为时间不一致性。也就是说,你的

---

① 向延迟回报环境的转变进程可能始于一万年前农业的出现,当时农民开始种植庄稼,预计几个月后会有收成。然而,直到最近几个世纪,我们的生活才充满了延迟回报的选择:职业规划、退休规划、假期规划以及我们为未来生活做出的所有预想。

大脑评估奖励的方式不会在时间上保持前后一致。[①] 你更看重当下而不是未来。一般情况下，这种趋势对我们很有帮助。眼下确定的奖励通常比未来可能的奖励更有价值。但是，我们对即时满足的嗜好偶尔也会引发问题。

为什么有人明知道吸烟会增加患肺癌的风险，还会这么做？为什么有人明知道大吃大喝会增加肥胖的风险，还会这么做？为什么有人明知道不安全的性行为会感染性病，还会这么做？一旦你弄明白了大脑给奖励排出优先级别的原理，也就得到了明确无误的答案：坏习惯的奖励是即时的，但后果会延迟。吸烟的风险可能会在十年后才发作，但它缓解了你当下的紧张情绪，满足了你对尼古丁的渴望；从长远来看，大吃大喝有害健康，但在当下满足了你的口腹之欲；无论是否采取了安全措施，性爱都能让你立刻享受到快感，假如真的染上病，那也是几天、几周甚至几年之后的事。[188]

每个习惯都会随着时间的推移而产生多种结果。可惜的是，这些结果往往前后不一致。就不良习惯而言，即时结果通常让人感觉良好，但最终结果却令人不悦；就好习惯而言，情况正好相反：即时结果令人不悦，但是最终结果却让人感觉良好。法国经济学家弗雷德里克·巴斯夏（Frédéric Bastiat）清楚地解释了这个问题，他写道："几乎总是发生这样的情况，当即时结果有利时，后来的后果将是灾难性的，反之亦然……习惯的第一个果实越甜，以后的果实就越苦。"[189]

换句话说，你要在当下为好习惯付出代价，在将来为坏习惯付出代价。

[①] 时间不一致性也被称为双曲贴现。

大脑以当下为重的倾向性意味着你不能依赖良好的愿望。当你制订计划，如减肥、写作或学习一门语言，实际上是在为你未来的自己制订计划。当你展望未来的生活时，很容易看到采取具有长远利益的行动的价值。我们都希望未来的自己过上更好的生活。然而，当决定性的那一刻到来时，即时满足通常会胜出。你不再代替梦想着更健康、更富有或更快乐的未来的你做选择，而是倾向于优先满足希望养尊处优、及时行乐的现在的你。[190]一般来说，你从一项行动中越快享受到乐趣，你就越应该质疑它是否符合你的长远利益。①

说到这里，我们对大脑重复某些行为并避免其他行为的机理加深了理解，行为转变的基本规则也可以更新为：重复有即时奖励的行为，避免受即时惩罚的动作。

我们对即时满足感的偏好揭示了一个关于成功的重要真相：由于天性如此，我们大多数人会整日追逐及时享乐的机会。人们倾向于选择即时享乐，回避延迟满足。如果你愿意等待奖励的到来，你将面临更少的竞争，通常会获得更大的回报。能坚持到最后的，一定是少数。

这也正是一些研究项目证实了的。善于延迟满足的人高考分数较高、不太可能沾染毒品、肥胖的可能性更低、能更好地应对压力、社交技能也更强。[191]我们都在自己的生活中耳闻目睹过这种情形。如果你不急着看电视，而是一心一意完成家庭作业，你通常会学到更多知识，获得更好的成绩；如果你不买甜食和薯条，

---

① 这也会破坏我们的决策。大脑高估任何看似大难临头但实际上几乎不可能发生的事：你乘坐的飞机遇到颠簸即将坠毁；你独自在家时一个窃贼破门而入；一个恐怖分子炸毁了你乘坐的公共汽车。与此同时，它低估一些看似遥远却极可能发生的威胁：吃不健康食物导致脂肪持续堆积；久坐桌前不运动导致肌肉逐渐萎缩；懒得收拾房间导致生活环境越来越脏乱不堪。

通常会在回家后吃到更健康的食物。在某个时候，几乎每个领域的成功都要求你忽略即时奖励，而代之以延迟奖励。

问题在于，大多数人知道延迟满足是明智的选择。他们想要良好习惯的好处：身体健康、办事高效、心态平和，但在决定性时刻，这些结果很少得到优先考虑。谢天谢地，延迟满足的习惯是能训练出来的，但在这样做时需要顺应人性，而不是与之对抗。在训练延迟满足的过程中，凡是长远地看能带给你回报的事，你可以给它添加一点即时快乐；凡是不能的，你可以给它添加一点即时痛苦。

怎样将即时满足转变为对你有利

保持习惯的关键是要有成就感，哪怕只是细微的感受。成就感是一个信号，它表明你的习惯有了回报，你为此付出的努力是值得的。

在理想国，习惯本身就是良好习惯的回报。在现实生活中，只有在好习惯让你尝到了一些甜头后，你才会觉得它有价值。在它的形成阶段，你一直在做出牺牲。你去过几次健身房，但你并没有立刻变得强壮、健康或跑得更快，至少没有任何可见的改观。只有在几个月后，你的体重减掉了几磅或者你的手臂肌肉突起，从此你就有了锻炼身体的积极性，更愿意去健身。开始的时候，你需要一个坚持下去的理由。这就是为什么说即时奖励是必不可少的。它们维持着你的兴奋点，而延迟奖励则在不动声色地逐渐积累。

当我们讨论即时奖励时，真正谈论的是一种行为的结局。任何经历的结束阶段都极其重要，因为它比别的阶段留给我们的印象更深刻。你希望对习惯的结局存有好感。对此,最佳方式是利用增强法,也就是利用即时奖励来提高一种行为频度的过程。我们在第 5 章中谈到的习惯叠加将你的习惯与即时提示挂钩,看到提示,你就知道该开始行动了。增强法将你的习惯与即时奖励联系在一起,当你完成时,它会让你感到心满意足。

在对付不良习惯,也就是你想戒除的习惯时,即时增强法对你特别有帮助。长期保持"不冲动购物"或"本月禁酒"之类的习惯极具挑战性,因为就算你错过了喝点儿小酒的欢乐时光或没有买下让你心动手痒的那双鞋,生活照旧,与以往并没有什么不同。假如你起初什么都没做,想要感到满足几乎是不可能的。你所做的只是在抗拒诱惑,而此举不可能带给你满足感。

解决这个问题的方法之一是颠倒过来。你要让希望回避的习惯变得可见。开立一个储蓄账户,并注明这个账户专门用于将来买你特别想要的东西,比如皮夹克。每次你放弃购买一件物品时,就把相应数额的钱存入这个账户。早晨没买咖啡?存入 5 美元。上个月没给奈飞账户续费?存入 10 美元。这就像是你为自己制定了一个忠诚计划。看到自己省钱买皮夹克的即时奖励比放弃购物的感觉好得多。如此一来,即便你什么都没买,依然能感到很满足。

我的一位读者和他妻子就是这么做的。他们想减少去外面吃饭的次数,开始在家一起做饭。他们把开立的储蓄账户标为"欧洲之旅"。每当他们放弃一次在外就餐的机会,他们就往这个账户里转入 50 美元。到了年底,他们就把这笔钱花在度假上。

值得注意的是,千万要选择能够强化你身份的短期奖励,不能让它们与你的身份相冲突。如果你想减肥或者读更多的书,那么买一件新夹克是没问题的,但如果你只是想省钱和存钱,那就不行了。同理，通过泡个澡或四处闲逛来享受你的闲散时光就是自我奖励的好例证，这与你追求更多自由和经济独立的最终目标是一致的。如果你健身的奖励是吃碗冰激凌，那么你就是在拆自己的台，最终会让你所有的努力打水漂。相反，你或许该给自己一个做次全身按摩的奖励，这既是一种奢侈的享受，也是在照顾你的身体。现在，短期奖励与你保持身体健康的长期愿景相吻合。

最终，随着内在奖励，如心情舒畅、精力旺盛和身心放松等相继到来，你不再一心追求次要奖励。你的新身份本身变成了强化者。你这样做的原因是只有这样做才符合你的身份，而且做你自己感觉很好。习惯与你的生活贴合得越紧密，你就越不需要外界的鼓励也能坚持下去。奖励可以启动一种习惯的培养进程，身份则可以维持一种习惯。

尽管如此，证据的积累和新身份的出现需要时间。在长期回报到来之前，即时强化有助于在短期内保持动力。

总之，习惯本身充满乐趣，才能持续下去。简单的强化，比如气味好的香皂或散发着薄荷味、清新爽口的牙膏，或者看到你的储蓄账户又增加了50美元，都可以为你提供享受一种习惯所需要的即时快乐。只有当转变充满乐趣的时候，它才会变得容易。

本章小结

- 行为转变第四定律是让它令人愉悦。
- 当体验令人愉悦时,我们更有可能重复一种行为。
- 人脑进化为优先考虑即时奖励而不是延迟奖励。
- 行为转变的基本准则:重复有即时奖励的行为,避免受即时惩罚的动作。
- 要保持一个习惯,你需要有即时成就感,即使它体现在细微之处。
- 行为转变的前三条定律——让它显而易见、让它有吸引力、让它简便易行——增加了当下这种行为当即发生的概率。行为转变第四定律——让它令人愉悦——提高了下次重复这种行为的可能性。

第 16 章

怎样天天保持好习惯

1993 年，加拿大阿伯茨福德的一家银行雇用了 23 岁的股票经纪人特伦特·迪尔施米德（Trent Dyrsmid）。与繁华的温哥华市相比，阿伯茨福德不过是偏僻的郊区。考虑到这种地理位置，以及迪尔施米德是个业务新手的事实，没人对他抱有过高的期望。但出人意料的是，他进步神速。究其原因是他有个简单的日常习惯。

迪尔施米德的一天始于办公桌上的两个罐子，其中一个装了 120 枚曲别针，另一个是空的。每天一到办公室，他就开始打推销电话。打完电话，他会立即从装满曲别针的罐子里拿一枚放到空罐子里，然后再重复这套动作。他告诉我："每天早上，我会从一个罐子里的 120 枚曲别针开始，一直拨电话，直到我把它们都转移到另一个罐子里。"[192]

在十八个月内，迪尔施米德给公司带来了 500 万美元的收益。他 24 岁时，年薪达到了 7.5 万美元，相当于今天的 12.5 万美元。不久之后，他在另一家公司找到了一份年薪超过 10 万美元的工作。

我喜欢把这种技巧称为曲别针策略。多年来，我从读者那里得知，他们在以各种方式应用着这种技巧。有位女士在写作时，每完成一页，就把发夹从一个容器转移到另一个容器；有位男士每做一个俯卧撑，都会从一个筒里拿出弹珠放进另一个筒里。

取得进步令人愉悦，借助于视觉量度，如移动曲别针、发夹或弹珠，你能清晰地看到自己的进步。这样做的结果是，它们强化着你的行为，并为任何活动增加一些即时满足感。视觉量度有多种形式：食物日志、健身日志、忠诚积分卡、软件下载进度条，甚至书籍中的页码，等等。但也许衡量你进步的最好方法是利用习惯追踪法。

怎样保持你的习惯

习惯追踪法是衡量你是否养成习惯的简单方法。它最基本的方式是拿一份日历，划掉你例行公事的每一天。例如，你在周一、周三和周五冥想，就在上述日期上打个叉。随着时间一天天过去，那本日历会忠实地记录下你的习惯轨迹。

追踪记录自己习惯的人数不胜数，其中最著名的可能是本杰明·富兰克林（Benjamin Franklin）。[193] 从 20 岁开始，富兰克林就随身携带一本小册子，用来追踪自己遵从 13 项良好品行的情形。他的列表包括了诸如"抓紧时间，永远把时间用于做有意义的事情"以及"避免闲聊"之类的目标。每天结束时，富兰克林都会打开小册子，记录自己的进步。

据报道，美国喜剧演员杰里·宋飞（Jerry Seinfeld）就通过习惯追踪法来保持写笑话的习惯。在纪录片《喜剧演员》中，他曾解释说，他的目标仅仅是"永不中断"，坚持每天都写笑话。换句话说，他关注的不是某个笑话的好坏，或者有没有灵感，而是专注于天天这么做，不断夯实自己的基础。

"永不中断"是一句强有力的励志语。你要连续不断地拨打推销电话，只有这样才能提高你的销售业绩；不要中断健身进程，坚持下去，你会发现自己的身体状况一天比一天好，远超你的预期；不要中断每天的创作，随着时间的积累，你会收获令人惊叹的作品集。[194] 习惯追踪功能强大，因为它充分利用了多个行为转变定律。它使一种行为同时变得显而易见、有吸引力和令人愉悦。

让我们一一加以解读。

益处之一：习惯追踪是显而易见的

记录你的上一个动作会创建一个启动下一个动作的触发器。习惯追踪自然会建立一系列的视觉提示，比如在日历上打的叉或者进餐日志中的食物列表。当你翻看日历时，那一连串标记无疑在提醒你继续采取行动。研究表明，追踪减肥、戒烟和降血压等目标进展的人比不追踪的人更可能有所成就。[195] 一项针对1600多人的研究发现，那些每天做进餐日志的人比没有做日志的人多减掉了两倍的体重。[196] 仅仅追踪一个行为就能激发改变它的冲动。

习惯追踪也能让你保持诚实。我们大多数人对自己行为的看法不符合实际，我们认为自己做得很好，但事实并非如此。追踪测量可以帮助我们消除自我认知的盲点，并注意到每天我们都做了什么。只要看一眼罐子里有多少曲别针，你立刻就能知道自己做了（或没有做）多少事。当证据就在你面前时，你不太可能再自我欺骗。

益处之二：习惯追踪有吸引力

最有效的激励形式是可知的进步。[197]当接收到取得进展的信号后，我们会更有动力按既定路径前进。这样，习惯追踪会对动机带来持续增强的效果，点滴进步会激励你想要取得更多成就。在你遇到挫折时，这会产生奇效。当你情绪低落时，很容易忽略已经取得的所有进步。习惯追踪提供了你付出的所有艰苦努力的视觉证据，默默地提醒你已经取得了多大进步。此外，你每天早上在日历上看到的空白方格会激励你开始努力工作，因为你不想因为中断一次而导致前功尽弃。

益处之三：习惯追踪令人愉悦

这是最重要的好处。追踪行为本身转化成了奖励的形式，从待办事项列表中划掉一个项目，在健身日志中又记上一笔，或者在日历上打个叉，这些都令人感到心满意足。看着你的成绩，比如投资组合的规模、书稿的页数等持续增长，满足感不言而喻。当感觉不错时，你就更有可能坚持下去。

习惯追踪也有助于你心无旁骛：你关注的焦点是过程而不是结果。你并不执着于获得六块腹肌，你只是想保持这种状态，成为那种不会偷懒、努力健身的人。

总而言之，习惯追踪具有三方面的功效：其一，创建视觉提示，提醒你采取行动；其二，形成内在激励机制，因为你清楚地看到了自己的进步轨迹，并且不想失去它；其三，每当你记录下又一项成功的习惯实例时，你都会感到愉悦。另外，习惯追踪提供了视觉证据，证明你在把自己塑造成为特别想成为的那类人，这本身就是一种令人感到愉快的即时、内在满足的形式。[1]

你可能会想，既然习惯追踪如此有用，为什么过了这么久才提起它？尽管它有这么多好处，我到现在才开始讨论它的原因很简单：许多人在抵制追踪和度量的想法。它让人感觉是个负担，因为它迫使你养成两种习惯：你试图培养的习惯，同时要追踪它的习惯。本来你已经在努力节食了，还要计算卡路里的摄入量，这听上去就很麻烦；你有许多工作可做，记下每个拨出的推销电话不免令人感觉枯燥乏味。相比之下，说一句"我会少吃一点"或者"我会加倍努力"或者"我会记得去做"之类的话就让人觉得容易多了。人们总是会告诉我一些事情，比如"我有一份决策日志，但我希望我能更多地使用它""我记录了一周健身的情况，但后来就放弃了"。我自己就这样做过。我曾经做了一个食品日志来记录我摄入的卡路里。我只记了一顿饭的情况，然后就放弃了。

追踪并不适用于每个人，也没有必要测量一辈子。但是几乎任何人都能以某种形式从中受益，即使只是暂时受益。我们该怎样做才能让追踪轻而易举？

首先，只要有可能，测量应该自动化。你可能会惊讶于自己在不知情的情况下已经追踪了多少。你的信用卡账单记录了你出去吃饭的频率；你的智能手环会记录你走了多少步、睡了多久；你的日历记录了你每年游览了哪些地方。一旦你知道从哪里获取数据，就在日历上记一下，提醒自己每周或每月查看一次，这比每天都去查看更可行。

其次，手动追踪应仅限于你最重要的习惯。持续追踪一个习惯比随意追踪十个习惯要好。

---

[1] 感兴趣的读者可以在 jamesclear.com/atomic-habits/tracker 上找到一个习惯追踪模板。

最后，在习惯结束后，立即记录每个测量值。行为的完成是记录的提示。这种方法可将第5章提到的习惯叠加与习惯追踪相结合。

习惯叠加 + 习惯追踪的公式是：在 [当前习惯之后]，我将 [追踪我的习惯]。

> 在挂断推销电话后，我将移动一枚曲别针。
> 在健身房完成一组训练后，我会将其记录在我的健身日志中。
> 在我把盘子放进洗碗机后，我将记下自己吃了什么。

这些策略可以让你很轻松地追踪习惯。即使你不是那种喜欢记录自己行为的人，试做数周之后，你会有很多意想不到的收获。了解一下你在实际生活中的每时每刻是怎么度过的其实是很有趣的一件事。也就是说，每个习惯都有个周期，总会在持续一段时间后结束。你需要做好预案，随时应对偏离正轨的习惯，这比单一的测量更重要。

当你的习惯崩溃时，如何快速将其恢复

不管你的习惯多么有条理，总有一天，你固有的生活节奏会被意想不到的事扰乱。世界上不存在完美。你开始培养某种习惯没多久，意外不期而至：你病倒了，或者你不得不出差，或者你的家人需要你抽出更多时间陪伴。每当遇到这种情况，我都会试着提醒自己严格遵守一条简单的规则：绝不错过两次。

假如有一天我错过了,我会尽可能快地接上。错过一次健身会发生,但我不会连续错过;也许我偶尔会吃一整块比萨饼,但接下来我就要吃健康餐。我不可能做得完美无缺,但我可以避免第二次失误。一个习惯周期结束后,我会紧接着开始下一个周期。初犯不会毁了你,真正要命的是随之而来的不断重复的错误。[198]错过一次是意外,错过两次是一种新习惯的开始。[199]赢家和输家之间的差别就体现在这里。任何人都可能有糟糕的表现、糟糕的健身安排或者某一天工作没干好。但是成功人士摔倒后,会迅速爬起来。一个习惯偶尔被打断并不可怕,只要能迅速接上即可。

我认为这个原则实在太重要了,因此即便不能像自己想的那样做得很完美,我也会坚持不懈。很多时候,我们在培养习惯时会陷入要么全有要么全无的怪圈中。问题不在于出差错,而是如果不能做得完美,就干脆不做的错误想法。你是真的没有意识到在你情绪低落(或忙碌)的日子继续做有多么可贵。错过的日子对你的打击大于成功的日子对你的帮助。如果你从 100 美元起步,那么 50% 的收益率会让你达到 150 美元。但是接下来只需亏损 33%,就能把你打回 100 美元的起点。换句话说,避免 33% 的损失和获得 50% 的收益具有同等的价值。查理·芒格(Charlie Munger)就曾说过:"复利的首要规则:除非万不得已,否则永远不要打断它。"

这就是为什么"糟糕"的锻炼往往是最重要的。懒散的日子和糟糕的锻炼保持了你从以前的好日子中积累的复合收益。简单地做一些事,如十个下蹲、五个冲刺、一个俯卧撑,真的是任何事都不容小觑。千万不要无所事事,不要让亏损蚕食你的复利。此外,健身时做什么并非头等重要的事,关键是你想成为严格遵循健身计划的那种人。当你感觉好的时候,锻炼很容易,但是当你情绪低落时仍然坚持锻炼,哪怕做得比平常少,重要的是你坚持不懈的表现。去健身房练5分钟不太可能提高你的表现，但它会重申你的身份。

行为转变的要么全有要么全无怪圈只是会让你的习惯脱轨的陷阱之一。另一个潜在的危险——尤其是当你同时在应用习惯追踪法的时候——是观测的标的有误。

知道何时（不）追踪一个习惯

假设你经营着一家餐馆，你想知道你的厨师做得是否好。衡量好坏的方法之一是追踪每天的收入有多少。食客盈门，说明这里的饭菜可口；食客稀少，说明其中一定有问题。然而，每日收入这一衡量标准所反映的情况并不全面。仅仅因为有人付钱吃饭并不意味着他们喜欢这里的饭菜，就算对饭菜质量不满意的顾客也不太可能吃霸王餐。事实上，如果你仅仅以收入多少为衡量标准，饭菜质量可能越来越差，但它的负面影响被你通过营销、打折或其他方式增加的收入抵消了。相反，追踪有多少顾客吃光了盘子里的菜，或者给付丰厚小费的顾客所占比例或许更有效。

追踪某一特定行为的做法也有不良影响，我们因为过于专注于数字的变化，从而忘记了自己这样做的本意。如果你的业绩好坏是按季度收入来衡量的，你将优化基于季度的销售、收入和记账；如果你的成功体现在体重减轻上，那么你将会在称重上大做文章，甚至不惜吃减肥餐、减肥药或者只喝果汁。无论玩什么游戏，人的唯一念头都是"赢"，这种陷阱明显体现在生活的许多领域。我们注重加班加点地工作，全然不顾我们所做的是否有意义；我们更关心凑够1万步，而不是保持健康；我们教学生应付标准化考试，而不是强调学习、好奇心和批判性思维的重要性。简而言之，我们会针对自己所测量的标的进行优化。当我们选择错误的测量标的时，我们的做法就会走偏，这被称为古德哈特定律，它是以经济学家查尔斯·古德哈特（Charles Goodhart）的名字命名的。他指出："当一项措施成为目标时，它就不再是一项好措施。"[200] 度量只有在引导你并辅助大局时才有积极作用，它不应成为主角并让你疲于奔命。每个数字只不过是整个系统中的一条反馈罢了。

在这个数据驱动的世界里，我们倾向于高估数字的作用，低估任何短暂的、柔性的、难以量化的东西。我们错误地认为只有能够度量的因素才是唯一真实存在的因素，但是仅仅因为你能度量一些东西，并不意味着它们就是最重要的东西。不能仅仅因为一些东西不可测度，就认定它们根本不重要。

综上所述，让习惯追踪起到该起的作用至关重要。你或许乐于记录一个习惯并跟踪观测自己的进步，但是衡量之举并不是唯一重要的事情。此外，衡量进展情况的方式不在少数，有时把你的注意力转移到完全不同的事情上会对你更有帮助。

这就是为什么无秤胜利法会对减肥有效。你每次用电子秤称重时看到的数字都一样，总是降不下来，所以假如你只关注这个数字，你就会心灰意懒。但是你可能会注意到你的皮肤状态看起来有所改善，你比以前醒得早了，或者你的性欲大增。所有这些都是追踪你是否取得进展的有效方法。如果电子秤上的数字总是让你泄气，或许你该关注其他一些可测的指标了，也就是能让你看到更多进展信号的指标。

不管你如何衡量自己的进步，习惯追踪提供了一个简单的方法来让你的习惯更令人愉悦。每一次测量都给你提供了一点证据，证明你前进的大方向是正确的，让你以自己出色的表现为傲，并享受到略显短暂的即时快乐。

本章小结

- 最令人愉悦的感觉是进步的感觉。
- 习惯追踪法是衡量你是否养成了习惯的简单方法,比如在日历上打叉。
- 习惯追踪法和其他视觉度量形式可以清晰无误地证明你取得的进步,从而让你对自己培养习惯的进展感到愉悦。
- 不要中断培养习惯的进展,要坚持不懈。
- 绝不错过两次。如果你错过了一天,试着尽快恢复固有的做事节奏。
- 仅仅因为你能测量一些东西并不意味着它们最重要。

第 17 章

问责伙伴何以能改变一切

在第二次世界大战期间，罗杰·费希尔（Roger Fisher）是空军飞行员。战后，他进入哈佛法学院学习，并在随后三十四年的职业生涯中，一直从事谈判和冲突管理的工作。他创立了哈佛谈判项目，并与许多国家领导人围绕和平解决方案、人质危机和外交斡旋等展开合作。但是二十世纪七八十年代才是他大放异彩的时代，在此期间，随着核战争威胁的加剧，费希尔提出了他最有趣的想法。

当时，费希尔专注于设计防止核战争的战略，并在此期间注意到了一个令人不安的事实：任何现任总统都掌握着发射核武器的代码，这些代码可被用来杀死数百万人，但总统本人总是置身于数千英里之外，绝不会看到任何人死亡。

"我的建议很简单，"费希尔在 1981 年写道，"把那个（核武器）发射代码放入一个小胶囊，然后把那个胶囊植入一名志愿者心脏的旁边。他会随身携带一把又大又重的屠刀陪同总统。假如总统想发射核武器，他就必须先亲手杀死这名志愿者。总统会说：'乔治，对不起，数千万人必须死。'他必须看着某个人当场死去，认识到什么是死亡、什么是无辜的死亡。白宫地毯上的血迹能让他认清现实。

"当我向五角大楼的朋友们提出这个建议时,他们说:'上帝啊,这太可怕了。[201] 不得不杀人会扭转总统的判断。他可能永远不会按下按钮。'"

在我们讨论行为转变第四定律的过程中,我们已经谈到了让良好习惯立即得到满足的重要性。费希尔的提议是对第四定律的反用:让它令人厌烦。

我们愿意重复让人感觉美好的经历,同时会设法回避曾令我们倍感痛苦的经历。痛苦是一个有效的老师。如果失败是痛苦的,人们便会力求成功,避免失败;如果失败的感觉不痛不痒,人们也就不把它当回事。错误的影响越直接,代价越大,你吸取教训的速度也就越快。水管工不想得到差评,因此会努力干好活儿;餐馆为了吸引回头客,会想方设法提供美味佳肴;外科医生割错血管的后果非常严重,要付出高昂代价,因此需要掌握人体解剖结构并在手术时谨慎操作。当后果越严重,人们学得就越快。

无论什么行为,它引发即时痛苦体验的时间越快,它发生的可能性就越低。如果你想戒掉不良习惯并避免不健康行为,那就给这类习惯和行为添加即时成本,这样可以有效地降低它们发生的概率。

我们之所以难以戒掉坏习惯,就是因为它们在某种程度上迎合了我们的需求。据我所知,加快随这种行为而来的惩戒速度是摆脱这种困境的最佳方式。有行动便有惩罚,不能有丝毫迟滞。

一旦这类行为带来即时不良后果,行为方式就会转变。客户不愿支付滞纳金,因此会按时结清账单;学生想要取得好成绩,而当成绩与考勤挂钩时,他们就会准时出现在课堂上。我们常常会费尽周折,就为了避免体验到一点点即时痛苦。

当然，这是有限度的。如果你要依靠惩罚来改变行为，那么惩罚的强度必须与它试图纠正的行为的相对强度相匹配。要想有成效，拖延的代价必须大于立刻行动的代价。为了保持身体健康，懒惰的代价必须大于健身的代价；在餐馆吸烟或未能按规定重复利用物品而被罚款，这是给上述行为额外增加的后果。只有当惩罚力度足够大并且能严格执行时，有关行为才会转变。

一般来说，越是局部的、有形的、具体的和直接的后果，就越有可能影响个人行为。后果越是具有全球性、无形性、模糊性和延迟性，影响个人行为的可能性就越小。

所幸的是，还有一条捷径可走，它能够直接提高任何坏习惯的即时成本，即创立习惯契约。

习惯契约

1984年12月1日，纽约州通过了首个安全带法令。[202] 当时只有14%的美国人经常系安全带，但在法令颁布之后，一切都将改变。

不出五年，全国一半以上的地区都颁布了安全带法令。如今，在美国的50个州中，有49个州依法强制系安全带。[203] 不仅是立法，系安全带的人数也发生了巨大变化。2016年，超过88%的美国人每次上车都会系好安全带。[204] 在短短三十多年的时间里，数以百万计的人的习惯发生了彻底逆转。

政府可以通过创立社会契约来改变我们的习惯，法律法规就是其中很好的例证。在社会中，我们一致同意遵守某些规则，并共同强制执行这些规则。每逢一项新立法出台，如安全带法、餐厅内禁烟、强制回收等，影响到人们的行为，它就成了社会契约塑造我们行为习惯的一个实例。这个集体一致同意遵循某种行为方式，如果你不遵循，就会受到惩罚。

正如政府利用法律来追究公民的责任一样，你也可以创建一个习惯契约，让自己承担特定责任。习惯契约是一种口头或书面的协议，你要借此声明自己对某一特定习惯的承诺，并约定假如你违背了诺言，将会接受相应的惩罚。随后你会找到一两个人作为你的问责伙伴，并与你共同签订协议。

来自田纳西州纳什维尔的企业家布赖恩·哈里斯（Bryan Harris）是我见到的第一个将这一策略付诸实施的人。[205] 儿子出生后不久，哈里斯意识到自己需要减肥。他与妻子以及私人教练订立了一个习惯契约。第一个版本中写道："布赖恩2017年第一季度的首要目标是重新开始正确饮食，使他今后感觉更好，看起来更好，并且能够达到他的长期目标，以10%的体脂达到200磅的体重。"

在声明的下面，哈里斯为实现自己的理想结果制定了路线图：

第一阶段：在一季度恢复"慢速碳水化合物"饮食。
第二阶段：在二季度启动严格的宏量营养素跟踪计划。
第三阶段：在三季度完善和保持自己的饮食和锻炼计划的细节。

最后，他写下了每一个能协助他达到既定目标的日常习惯。例如："记下自己每天消耗的所有食物，每天称体重。"

同时，他列出如果违反约定该怎样惩罚："如果布赖恩不做这两件事，他将承担如下后果：在本季度余下的时间里，他必须在每个工作日和每个周日早上穿正装，不得穿牛仔裤、T恤衫、连帽衫或短裤。如果他某一天忘了记录吃了什么，他就必须给乔伊（Joey，他的教练）200美元，让他随便花。"

哈里斯及其妻子和他的教练都在这份协议上签了字。

我最初的反应是，这种做法过于正规了，尤其是要郑重其事地签字认可，毫无必要。但是哈里斯的一番话改变了我的想法，签字认可表明的是一种态度，说明当事人对此非常认真。"要不是存在这个环节，"他说，"我恐怕紧接着就会开始偷懒。"

过了三个月，哈里斯实现了首季目标，并上调了下一季度的目标，要承担的后果也随之升级了。如果他在碳水化合物和蛋白质的摄入量上不达标，他就必须向教练支付100美元。如果他忘了称体重，就必须给妻子500美元，让她随意使用。也许最痛苦的是，如果忘记了冲刺跑，他每天都得西装革履地去上班，并在该季度余下的时间里一直戴亚拉巴马橄榄球队的帽子，那支球队可是他心爱的奥本队的死敌。

这一策略奏效了。有他妻子和教练充当问责伙伴，再加上习惯契约详细列出了每天该做的事，哈里斯的体重下降了。[①]

要使不良习惯令人厌烦，你最好的选择是在习惯动作刚一冒头时就让它们带来痛苦。订立习惯契约绝对是实现这一目标的捷径。

如果你不想订立条款齐全的完整契约，找个问责伙伴也行。

喜剧演员玛格丽特·卓（Margaret Cho）每天都写一条笑话或一首歌曲。她和一位朋友相约，展开"一天作一首歌"的挑战赛。[206] 这个挑战赛帮助两人都认真履行各自的监督责任。知道有人在监督会是一个强大的动力。你不太可能拖延或放弃，因为你

---

① 你可以看到布赖恩·哈里斯实际使用的习惯契约，并在 jamesclear.com/atomic-habits/contract 上获得一个空白模板。

当即就要付出代价。如果你不坚持到底，监督你的人或许会认为你不可靠或生性懒散。果真如此的话，你的信用瞬间就烟消云散了，你违背了对自己以及他人做出的承诺。

你甚至可以使这个过程自动化。科罗拉多州博尔德市的企业家托马斯·弗兰克（Thomas Frank）每天早上5点55分醒来。[207] 如果他错过了这个时间，他预先设定的一条推特便会准时发出，内容是："现在是6点10分，我没有起床，因为我很懒！假设我的闹钟没坏，回复此条信息，你将通过贝宝（不超过5人）获得5美元。"

我们总是试图向世界展示自己最好的一面。我们梳头、刷牙，并精心打扮自己，因为我们知道这些习惯可能会给人留下好印象。我们希望取得优异成绩，毕业于一流学校，从而给潜在的雇主、配偶、朋友和家人留下深刻印象。我们很在意身边的人对自己的评价，因为他人的欣赏给了我们生活的乐趣。这就是找一个责任心强的问责伙伴，或者订立习惯契约能如此有效的原因。

本章小结

> 行为转变第四定律的反用是让它令人厌烦。
> 如果不良习惯附加着令人痛苦或不悦的感受，我们就不太可能重复它。
> 问责伙伴可以给无所事事带来即时成本。我们非常在意别人对我们的看法，极不情愿感受别人的鄙视。
> 习惯契约可被用来增加任何行为的社会成本，它使得违背承诺的代价公开而痛苦。
> 知道别人在看着你，可以成为一种强大的动力。

如何养成好习惯

第一定律	让它显而易见
1.1	填写"习惯记分卡"。记下你当前的习惯并留意它们
1.2	应用执行意图。"我将于[时间]在[地点]做[行为]。"
1.3	应用习惯叠加。"继[当前习惯]之后,我将[新习惯]。"
1.4	设计你的环境。让好习惯的提示清晰明了
第二定律	**让它有吸引力**
2.1	利用诱惑绑定。用你期望的行为强化你需要的动作
2.2	加入把你期望的行为视为正常行为的文化群体
2.3	创设一种激励仪式。在养成有难度的习惯之前先做一些自己喜欢的事
第三定律	**让它简便易行**
3.1	减小阻力。减少培养好习惯的步骤
3.2	备好环境。创造一种有利于未来行为的环境
3.3	把握好决定性时刻。优化可以产生重大影响的小选择
3.4	利用两分钟规则。缩短你的习惯所占用的时间,争取只需要两分钟甚至更少
3.5	自动化你的习惯。在能够锁定你未来行为的技术和物品上有所投入
第四定律	**让它令人愉悦**
4.1	利用增强法。完成一套习惯动作后,立即奖励自己
4.2	让"无所事事"变得愉悦。当避免坏习惯时,设计一种让其带来的好处显而易见的方式
4.3	利用习惯追踪法。记录习惯倾向,不要中断
4.4	决不连续错过两次。如果你忘了做,一定要尽快补救

如何戒除坏习惯

第一定律反用	让它无从显现
1.5	降低坏习惯出现的频率。把坏习惯的提示清除出你所在的环境
第二定律反用	让它缺乏吸引力
2.4	重新梳理你的思路。罗列出戒除坏习惯所带来的益处
第三定律反用	让它难以施行
3.6	增大阻力。增加实行坏习惯的步骤
3.7	利用承诺机制。锁定未来会有利于你的选择项
第四定律反用	让它令人厌烦
4.5	找一个问责伙伴。请人监督你的行为
4.6	创立习惯契约。让坏习惯的恶果公开化并令人难以忍受

你可以登录 jamesclear.com/atomic-habits/cheatsheet 下载这个习惯备忘单的打印版本。

高阶战术

怎样从单纯优秀发展到真正卓越

第 18 章

揭秘天才（基因什么时候重要，什么时候不重要）

许多人都熟悉迈克尔·菲尔普斯（Michael Phelps），他赢得的奥运奖牌数量之多，别说游泳运动员，就连参加任何项目的任何奥运选手都望尘莫及。[208]

很少有人听说过希查姆·艾尔·奎罗伊（Hicham EI Guerrouj）[209]这个名字，而他毫无疑问是一名非凡的运动员。艾尔·奎罗伊是来自摩洛哥的田径运动员，曾荣获两枚奥运会金牌，是杰出的中跑运动员之一。多年来，他一直保持着 1 英里、1500 米和 2000 米赛跑的世界纪录。在 2004 年希腊雅典奥运会上，他赢得了 1500 米和 5000 米赛跑的金牌。

这两位运动员存在多方面的显著差异。首先，一个在陆地上比赛，另一个在水中比赛。但最鲜明的差异则体现在他们的身高上。[210]艾尔·奎罗伊的身高约为 5.9 英尺，菲尔普斯则是 6.4 英尺。尽管身高相差 6 英寸，但他们二人有一个共同点：他们裤腿上的内接缝一样长。[211]

这怎么可能？其实这与他们的体形有关。相对于高大身材，菲尔普斯具有腿短躯干长的特点，非常适合游泳。艾尔·奎罗伊腿长和躯干短到令人难以置信的程度非常适合中长跑。

现在，想象一下这两位世界级运动员互换运动项目。鉴于迈克尔·菲尔普斯非凡的运动能力，他能否通过足够的训练成为一名奥运级别的中长跑运动员？这不太可能！在体能处于巅峰状态时，菲尔普斯的体重为194磅，比参加138磅超轻量级比赛的艾尔·奎罗伊重40%。身高越高，跑步时耗费的体能越多。就中长跑而言，体重每增加1磅都是实打实的负担。要是与其他优秀运动员同场竞技，菲尔普斯从一开始就注定要失败。

同样，艾尔·奎罗伊可能是优秀的跑步运动员之一，但他是否够格参加奥运会游泳比赛都成问题。自1976年以来，在男子1500米赛跑中，奥运会金牌得主的平均身高是5.1英尺。[212] 相比之下，奥运会男子100米自由泳金牌得主的平均身高是6.4英尺。[213] 游泳运动员身高较高，背部和手臂都很长，这是划水的理想体型。艾尔·奎罗伊一进游泳池，其缺陷就会立刻显露出来。

最大化你成功的概率的秘诀是选择合适的竞技领域。这既适用于体育和商业领域，也适用于习惯的转变。如果习惯与你的天性和能力相一致，它更容易培养，你也更乐意保持。就像游泳池里的迈克尔·菲尔普斯或者跑道上的希查姆·艾尔·奎罗伊一样，你想玩一个自己胜算更大的游戏。

接受这一战略的前提是你要承认一个简单的事实，即人天生具有不同的能力。有些人不愿意直面这个事实。从表面上看，你的基因似乎无法改变，谈论你无法控制的事情只会让你感到灰心丧气。此外，像"生物决定论"这种词语听起来似乎是有些人注定会成功，有些人注定会失败。但这是一个关于基因影响行为的短视观点。

遗传基因的力量无疑很强大，但它也有弱点。基因不容易改变，这意味着它们在有利的环境中提供了强大的优势，但在不利的环境中又暴露出严重的劣势。如果你想扣篮，身高 7 英尺是非常有利的；如果你想从事体操运动，身高 7 英尺就成了巨大的障碍。我们的环境决定了我们基因的适应性和我们天然禀赋的效用。当我们的环境发生改变时，决定成功的品质也会发生改变。

身体特征如此，精神上也一样。说到人类的习惯和行为模式，我很在行，但要是涉及编织、火箭推进或吉他和弦等方面，我基本上一无所知。一个人某方面的能力与其所处的环境高度相关。任何竞争领域的顶尖人才不仅要训练有素，而且要天生适合做这件事。这就是为什么假如你想成为真正伟大的人，选对发展方向至关重要。

简而言之，基因并不决定你的命运，而是决定着你在哪些领域存在发挥特长的机会。物理学家加博尔·马特（Gabor Mate）曾指出："基因可以预设，但不能预订。"[214] 在你先天具备了成功潜质的领域，你更有可能养成令人愉悦的习惯。关键是你选定的努力方向不仅令你生机勃勃，还能与你的天赋相匹配，从而使你的雄心与你的能力达成一致。

说到这里，你自然会问："我怎么才能辨别出朝哪方面努力胜算更大？我怎么才能确定适合我的机会和习惯？"我们首先要从了解你的个性入手去寻找答案。

你的个性怎样影响你的习惯

你的每个习惯背后都有基因活动的影子。事实上，应该说基因主导着你的一切行为。有证据表明，基因对人的影响无所不包，从你看电视的小时数、你结婚或离婚的可能性,到你对毒品、酒精或尼古丁上瘾的倾向,等等。[215]当你面对权威时,你表现出顺从还是叛逆,你遭遇突发事件时是惊慌失措还是镇定自若,你倾向于主动还是被动,甚至在听音乐会等感官体验中,你会感觉多么着迷或厌倦,种种这些都带有强大的遗传因素。[216]伦敦国王学院的行为遗传学家罗伯特·普洛民(Robert Plomin)曾对我说:"我们现在已经不再费功夫检测性格特征是否含有遗传成分,因为我们根本找不到不受基因影响的成分。"[217]

你的所有遗传特质组合在一起,赋予了你独特的个性。你的个性是指你在各种各样的情境中表现出一致性的性格特征集合。经科学分析验证的"五大"性格特征是目前得到公认的性格类别图谱。

1. 开放性。从好奇和创造性的一端到谨慎和一丝不苟的另一端。
2. 自觉性。从有条理和效率高到随意性和自发性。
3. 外向性。从活泼开朗、活力十足到孤独和保守(也就是外向型人格和内向型人格的区别)。
4. 亲和性。从待人友好并富于同情心到挑剔和淡漠。
5. 神经质。从焦虑不安和敏感多疑到自信、冷静和心态平和。

上述所有性格特征都有生物学基础。例如,外向性可以从一出生就显露出来。在一项研究中,科学家们在新生儿护理病房里播放一种较大的噪音,一些婴儿会转头朝向音源,而另一些婴儿则将头转向另一边。研究人员追踪观察这些孩子的成长历程时发现,转向噪声源的孩子长大后更容易成为外向的人,而那些转向另一边的更有可能成为内向的人。[218]

亲和性强的人一般表现出善良、体贴、热情的特性。[219]他们体内的催产素含量往往较高。这种激素在增进社交活动、提高信任感等方面起着重要作用，同时还是一种天然抗抑郁剂。[220]不难想象，体内含有更多催产素的人更容易养成写个"谢谢你"的便条之类的习惯，更擅长组织一些社会活动。

至于神经质，这是每个人都不同程度地具有的人格特质。神经质特征突出的人往往比其他人更容易焦虑，总是忧心忡忡的。这一特征与杏仁核的超敏[221]反应有关，杏仁核是大脑中负责识别威胁的部分。换句话说，那些对环境中的负面提示更敏感的人更有可能在神经质方面得分较高。

我们的习惯不仅仅是由我们的个性决定的，但毫无疑问，基因在将我们推向一个特定的发展方向。我们根深蒂固的偏好使得一些人不经意间表现出的言谈举止却难以在另一些人身上再现。[222]你不必为这些差异感到不安或内疚，但你必须直面它们。例如，一个人的自觉性较差，他就不太可能天生爱整洁，因而可能需要更多地依靠环境设计来保持良好的习惯。（提醒那些自觉性较差的读者，环境设计是我们在第6章和第12章中讨论过的一种策略。）

综上所述，你应该养成适合你个性的习惯。① 人们可以像健美运动员一样练出一身肌肉，但如果你喜欢攀岩、骑自行车或划船，那就围绕着自己的兴趣来培养锻炼习惯；如果你的朋友坚持低碳水化合物饮食，但你发现低脂肪饮食更适合你，那么你随着自己的心愿去做时就会有更充足的动力[223]；如果你想多读书，但你更喜欢情色小说而不是非小说类图书，你也不需要感觉难为情，读

---

① 如果你有兴趣参加一项人格测试，你可以在这里找到最可靠的测试链接：jamesclear.com/atomic-habits/personality。

最让你着迷的书。①

你用不着培养他人告诉你要养成的习惯。选择最适合你的，而不是最流行的习惯。

每种习惯都有一个特定版本，能够带给你快乐和满足，设法找到它。只有给人带来快乐的习惯才能长期坚持下去，这是行为转变第四定律的核心思想。

让你培养的习惯适合你的个性是良好的开端，但这并不是故事的结尾。接下来，我们要把注意力转向寻找和设计迎合你天性的情境。

如何找到你能发挥专长的领域

学会玩一个你胜算大的游戏是保持充沛动力并有成就感的关键。理论上，几乎任何事都能让你享受到乐趣。在实践中，你更有可能享受那些对你来说轻而易举的事。在某一特定领域有专长的人往往更胜任相关的工作，并且会因表现出色而受到表扬。他们之所以精力充沛，是因为他们的成功之处正是他人失败的地方，也因为他们获得了更高的报酬和更多的机会，这不仅让他们更快乐，还推动他们完成更高质量的工作。这是一个良性循环。

选择正确的习惯，进步轻而易举；选错了习惯，生活就是无休止的挣扎。你该怎么做才能选对习惯？第一步是我们在第三定律中提到的：让它简便易行。在许多情况下，人们选错习惯仅仅意味着他们选择了一个难以培养的习惯。如果选择了简便易行的习惯，你更有可能取得成功。当你成功的时候，你更有可能感到

---

① 如果你反复读哈利·波特故事系列，我们可谓同道。

满足。不过，你还要考虑另一个层面的问题。从长远来看，如果你不断取得进步和提高，任何领域都会变得越来越有挑战性。在某个时点，你需要确保自己所掌握的一套技能适用于自己所要做的事。你该怎么辨别呢？

最常见的做法是不断试错。当然，这种做法也有问题：生命短暂。你没有时间去尝试每一种职业、约会每一个条件相当的单身汉，或者演奏每一种乐器。值得庆幸的是，有一个有效的方法来对付这个难题，它被称为探索/利用的权衡。[224]

在一项新活动开始时，应该有一段摸索的时间。在男女关系中，这叫约会；在一些学院里，这叫通才教育；在商业上，这叫对比测试。其目标是尝试诸多可能性，研究各种想法，并撒下一张大网。

在经历了初步探索之后，把注意力转移到你找到的最佳方案上，与此同时，要偶尔再尝试一下其他方案。如何在两者之间保持适当的平衡取决于你是赢还是输。如果你处于赢的状态，你就利用，利用，再利用；如果你处于输的局面，你要继续探索，探索，再探索。

从长远来看，或许最有效的做法就是抓住在绝大多数时间里提供最佳结果的策略不放，同时就其余情况做进一步探索。众所周知，谷歌要求员工每周把80%的工作时间花在正式工作上，20%的工作时间花在他们自己选择的项目上，由此催生了像关键词广告（AdWords）和谷歌邮箱（Gmail）这样的拳头产品。[225]

最佳方案还取决于你有多少可供支配的时间。如果时间不成问题，比如你刚进职场，那么你值得把更多时间用于探索，因为一旦你找到了正确的选项，你将仍然有很长时间去利用它；如果时间紧迫的话，比如说，某个项目的最后期限即将到来，你应该实施迄今为止找到的最佳方案，争取尽快取得一些成果。

当你在探求不同的选项时，可以问自己一系列问题，以便逐渐接近最令你愉悦的习惯和领域：

什么对我来说充满乐趣，但对其他人来说却只是乏味的工作？你是否适合一项任务的标志不在于你是否喜欢它，而在于你是否能比大多数人更容易承受这项任务带来的痛苦。当别人觉得苦不堪言时，你却能自得其乐。伤害别人多于伤害你的事就是你生来就适合做的事。

是什么让我忘记了时间的流逝？"心流"指的是你因为全神贯注地投入手头的工作，从而忘记了周边世界的存在的一种精神状态。[226]当运动员和表演者处于"这个区域"时，他们所经历的就是这种快乐和巅峰表现的交融。你从事的工作或多或少会让你感到愉悦，否则你几乎不可能体验到心流。

我在哪里能获得比普通人更高的回报？我们不断地与自己周围的人相比。如果我们做得比别人好，我们会觉得心满意足。当我开始在自己的网站（jamesclear.com）上发表文章时，我的电子邮件订阅用户数量增长得非常快。我不太确定自己哪方面做得好，但我知道，这一成果来得比我的一些同事快很多，这给了我继续写作的动力。

我的天性是什么？此刻，你可以暂时忘记自己接受的教育，忽略主流社会告诉你的事情，忽略别人对你的期望。扪心自问："我觉得什么很自然？我何时感觉充满活力？我何时看到了自己的真面目？"不要急于自我评判，不要刻意讨人欢心，不要犹疑不定或自我批评，只注重乐在其中的感觉。无论何时，只要你感觉真实可信，你前进的方向就是正确的。

老实说，在这个过程中有些只是运气。迈克尔·菲尔普斯和希查姆·艾尔·奎罗伊是幸运的，他们天生就有一些罕见的、为社会所珍视的能力，并置身于能够充分利用这些能力的理想环境中。我们都是地球上的匆匆过客，我们中真正伟大的人不仅付出了艰苦卓绝的努力，还有幸享有天赐良机。

但如果你不想只是靠运气呢？

假如你无法确定什么事能让你做到风生水起、好运连连，那就另辟蹊径，开创一番新事业。创作"呆伯特"的漫画家斯科特·亚当斯说："每个人都至少有几个领域，只要付出一些努力，他们就可以跻身前25%。"[227] 就我而言，我能画得比大多数人都好，但我称不上是艺术家。我并不比小有成就的喜剧演员更风趣，但我比大多数人都更能搞笑。令人不可思议的是，会画画和写笑话的人非常少。正是这两种因素的结合才让我所做的事如此罕见。如果再考虑到我的商业背景，你会突然发现，我涉猎的是一个其他漫画家因缺乏切身经历而难以理解的主题。"

当不能比别人做得更出色，你可以借助于与众不同而胜出。通过调用各方面的技能，你降低了竞争水平，这使你更容易脱颖而出。你可以修改游戏规则，简化先天条件（或资历年限）上的要求。一名好手努力战胜同一领域的众多对手，一名高手则自成一体，尽其所能扬长避短。

我上大学时创立了自己的专业：生物力学，集物理学、化学、生物学和解剖学于一体。我不够聪明，无法在顶尖的物理或生物专业中取得出类拔萃的成绩，所以我修改了游戏规则，创建了独家体系。而且，因为这很适合我，我只选修自己感兴趣的课程，这样一来，学习就不再像是苦差事。另外，我也不会落入与其他人相比的陷阱。当然，除了我，并无他人选择相同的课程组合，所以也就没有了高下之分。

专业化是克服不良"意外"遗传的有力方法。你的手艺越高超精湛，别人就越难与你竞争。许多健美者都比一般的摔跤手强壮，但是在摔跤比赛中，即使是健壮如牛的健美者也未必能赢，因为摔跤手会用巧劲。即使你根本没有天赋，你也完全可以在特定领域成为佼佼者。

沸水可以使土豆变软，但会使鸡蛋变硬。你不能自主选择成为土豆还是鸡蛋，但在变硬还是变软之间，你可以选择对你最有利的。如果你能找到一个更有利的环境，你就可以把不利于自己的情形转变为有利的情形。

如何充分利用你的基因

我们的基因并不能排除艰苦努力的需要。它们只会帮着甄别，告诉我们该努力做什么事。一旦认识到自己的优势，我们就知道该把时间和精力花在哪里了。我们知道应该寻找哪些类型的机会，以及应该避免哪些类型的挑战。我们对自己的本性了解得越深入，采取的策略就越高明。

生理差异不容忽略。即便如此，关注自己能否充分发挥自己的潜力要比与他人攀比收效更显著。人的能力是有限的，这一事实与你是否达到能力的上限无关。人们常常过于纠结自己能力的极限，以至于放弃了充分调动自己潜能的努力。

此外，基因并不能在你什么都不做的情况下确保你走向成功。没错，健身房里肌肉发达的教练具有更好的基因，但假如不进行刻苦训练，你根本无法获知自己的极限在哪里，或者说自己是否具备了优秀的基因。如果你不能像你所敬佩的人那样付出辛勤的汗水，就不要把他们的成功解释为运气好。

总之，要确保你的习惯长期令人愉悦，最好的方法就是选择与你的个性和技能相匹配的行为。努力做好容易做的事。

本章小结

> 最大限度地提高成功概率的秘诀是选对你参与竞争的领域。
> 选对了习惯，进步易如反掌；选错了习惯，生活就举步维艰。
> 基因难以改变，这意味着环境有利时，它们让你享有强大的优势；环境不利时，它们带给你明显的劣势。
> 当你的习惯与天赋相匹配时，你就容易养成并维持那种习惯。选择最适合你的习惯。
> 选择能发扬你的长处的游戏。如果你找不到，就自创一个。
> 基因并不能排除艰苦努力的需要。它们只会帮着甄别，告诉我们该努力做什么事。

第 19 章

金发女孩准则：如何在生活和工作中保持充沛动力

1955 年，迪士尼乐园刚刚在加州的阿纳海姆开张，一个 10 岁的小男孩走进来要找份工作。那时的劳动法很宽松，小男孩如愿以偿地当上了售货员，专门卖 0.5 美元一本的游园指南。

不到一年，他就转到了迪士尼的魔法商店。他从老员工那里学到了一些技能，开始试着讲笑话，并与游客做些简单的互动。他很快发现自己喜欢的不是魔法，而是表演本身。从此，他立志要成为喜剧演员。

从十几岁开始，他就在洛杉矶附近的小俱乐部里表演。观众很少，他表演节目的时间也很短，他在舞台上停留的时间不超过 5 分钟。俱乐部里的大多数人忙着喝酒或和朋友聊天，没空看他的表演。一天晚上，他真就在空无一人的俱乐部里完成了自己的单口喜剧表演。

这项工作本身并没有什么可炫耀的，但毫无疑问，他做得越来越好。他最初的表演只能持续一两分钟。到了高中，他已经能够连续表演 5 分钟了。又过了几年，他演出的时间达到了 10 分钟。

到了19岁时,他每周都会表演,每次时长达到20分钟。在演出期间,他为了尽可能延长时间,不得不读三首诗,但是他的演技在持续提高。

在接下来的十年中,他不断试验、调整和练习。他进了电视台工作,为电视节目写脚本,并渐渐地开始在脱口秀节目中露面。功夫不负有心人,到20世纪70年代中期,他已经成为《今夜秀》和《周六夜现场》的常客。

最后,经过将近十五年的不懈努力,这个年轻人终于成名了。他曾在63天内去了60个城市巡回演出,后来又在80天内去了72个城市,在90天内去了85个城市。他在俄亥俄州的一场演出吸引了18695名观众,在纽约连续三天的表演卖出了4.5万张门票。他一跃成为同侪中的佼佼者,那个时代最成功的喜剧演员之一。[228]

他叫史蒂夫·马丁(Steve Martin)。

马丁的故事极好地证明了长期坚持一种习惯需要多么大的付出。喜剧不适合胆小的人。一个人独自在舞台上竭尽所能地表演,观众却没有任何反应,还有什么情形能比这更糟糕?!然而十八年来,史蒂夫·马丁每周都直面这种情形。用他的话说:"苦学十年,提高四年,然后有了疯狂成功的四年。"[229]

为什么有些人,比如马丁,能长期坚持自己的习惯,无论是讲笑话、画漫画还是弹吉他,从不懈怠,而我们大多数人却坚持不了几天就打退堂鼓?我们该怎样让习惯一直保持新鲜感,而不是过段时间就逐渐消失?科学家们多年来一直在研究这个问题,个中真相尚待进一步挖掘,不过从目前获知的情况来看,大家公认保持动力和达到最大欲望的途径就是去做"难易程度刚刚好"的事。[230]

人脑喜欢挑战,但前提是它面对的挑战难度适中。如果你喜欢打网球，并且试图和一个 4 岁小孩进行一场严肃的比赛，你很快会觉得无聊，这太容易了，你会赢到手软；相反，如果你同罗杰·费德勒（Roger Federer）或塞雷娜·威廉姆斯（Serena Williams）这样的职业网球运动员比赛，你很快会心灰意冷，因为太难了。

现在考虑和一个跟你水平相当的人一起打网球。随着比赛的进行，你有赢有输。你再努力一些，就有可能赢得比赛。你开始集中注意力，专心打球，并进入了浑然忘我的境界。这是一个难度适中的挑战，也是金发女孩准则①的一个典型例子。

金发女孩准则

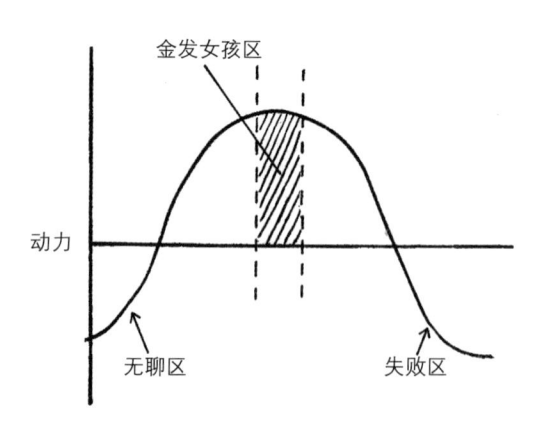

图 15：人们在面对一个勉强能应付的挑战时，动力最充足。在心理学研究中，这被称为耶克斯 – 多德森定律[231]，它把最佳激励水平描述为处于枯燥乏味和焦虑不安之间的中点

---

① 金发女孩准则源自童话《金发女孩和三只熊》的故事，该准则常被用于经济学、天文学等领域。金发女孩准则指出，凡事都必须有度，而不能超越极限，按照这一准则行事产生的效应被称为"金发女孩效应"。

金发女孩准则指出，人们在处理其力所能及的事务时积极性最高。

马丁的喜剧生涯就是金发女孩准则在实践中的一个极佳例证。每年，他都会扩展自己表演的剧情，但只扩展一两分钟。他总会添些新料，但他会保留几个肯定会逗人发笑的段子。他取得的成功足以让他保持充沛的动力，犯下的错误刚好促使他继续努力。

当你开始养成新习惯时，保持尽可能简单的动作是很重要的，这样即使各方面条件不完善，你也可以坚持下去。我们在讨论行为转变第三定律时曾阐述过这一观点。

然而，习惯形成之后，还需要不断地"添砖加瓦"，持续跟进，这很重要。这些后续的小改进和新的挑战可以保持你的参与度。如果你刚好碰到金发女孩区，你就能达到心流状态。[①] 心流状态是"身在其中"并完全沉浸于一项活动中的体验。科学家一直试图量化这种感觉。他们发现，要达到心流状态，你要完成的任务难度必须比你目前的能力高出大约4%。[232] 在现实生活中，用这种方式量化一个行动的难度通常是不可行的，但金发女孩准则的核心思想仍然存在：做力所能及、难易适中的事似乎是保持激励水平居高不下的关键所在。

改善需要微妙的平衡。你需要时常处理一些具有挑战性的事

---

① 我偏爱一种有关我们达到心流状态时的情形的理论。这尚未得到证实，只是我的猜想。心理学家通常认为大脑的工作模式有两种：A系统和B系统。A系统运行速度快，是本能的。一般来说，你能迅速实施的流程（如习惯）由A系统控制。与此同时，B系统则控制着耗时费力的思维过程，比如做一道数学难题。就心流而言，我喜欢把A系统和B系统想象为居于思维光谱的两端。认知过程的自动化程度越高，它就越是偏向A系统一端；所处理的事务难度越大，它就越是偏向B系统一端。我相信，心流恰好处于A系统和B系统之间。你充分利用了所有与任务相关的显性和隐性知识，也在努力应对超出自己能力范围的挑战。两种大脑模式都完全投入了手头的任务中。有意识和无意识完美同步，协同工作。

务，在令你殚精竭虑的同时，让你能够取得足够的进步来保持激励水平。行为新奇才能有吸引力，并带给你满足感。千篇一律，你就会感到厌倦。厌倦或许是追求自我完善之路上的最大障碍。

当你厌倦了自己的奋斗目标时，怎样继续保持专注

当我的棒球生涯结束后，我开始找一项新运动，我加入了一个举重队。有一天，一位资深教练来我们健身房参观。在漫长的职业生涯中，他曾指导过数千名运动员，其中一些还参加过奥运会。我做过自我介绍之后，我们开始讨论改进的过程。

"优秀运动员和其他人有什么不同？"我问，"真正成功的人最喜欢做哪些其他人不愿做的事？"

他提到了一些对我们来说耳熟能详的因素：基因、运气、天赋。但后来他说的一番话出乎我的意料："有些时候，归根结底这取决于谁能应付每天枯燥乏味的训练，一遍又一遍地反复做同样的举重动作。"

他的回答让我很吃惊，因为这是对工作伦理的颠覆性认识。人们平常说的都是如何"满怀热情"去努力实现他们的目标。不管是在商业、体育还是艺术界，你听到的都是"一切都归结于激情"或者"你必须真的渴望得到它"之类的说法。因此，当我们失去注意力或动力时，我们中的许多人会变得沮丧，因为我们认为成功的人会有无限的激情。但是这位教练说真正的成功人士也会和其他人一样感到激情消退。唯一不同的是，尽管感到枯燥乏味，他们仍然想办法坚持下去。

熟能生巧。但是你练习的次数越多，它就变得越无聊，越像是机械地重复。一旦初学者尝到了一些甜头，我们对今后能有多

少收获有了大致认识，我们的兴趣就开始减退。有时它发生得甚至比这更快。你所要做的就是连续几天去健身房，或者定时连着发几篇博客，然后偶尔放松一天也没什么大不了的。各方面进展都很顺利，考虑到你的境况不错，休息一下也合情合理。

成功的最大威胁不是失败，而是倦怠。我们厌倦了习惯，因为它们不再让我们开心，这个结果是意料之中的。随着我们的习惯变成日常举动，我们开始脱离固有的轨迹，转而去追求新奇的事物。也许这就是为什么我们会陷入一个永无止境的周期性循环，无论是健身方式、饮食习惯，还是创业的想法，总是换来换去的。激情稍有消退，我们就开始寻找新的做法，哪怕老做法依然在起作用。对此，马基雅维利（Machiavelli）曾评论说："男人都图新鲜，无论是春风得意的还是郁郁寡欢的，全都急于改变现状。"[233]

也许这就是为什么许多花样百出的产品总是让人欲罢不能。电子游戏提供给人们视觉上的新奇感、色情作品提供性体验上的新奇感、速食产品则不断变换口味，上述种种经历都能让人体验到连续不断的惊喜。

在心理学中，这被称为可变奖励。[①][234] 老虎机是现实世界中诠释这一概念最常见的实例。一个赌徒偶尔会中大奖，但何时中奖则无规律可循。奖励来的快慢各不相同。这种变换不定导致多巴胺的浓度达到最大峰值[235]，增强了记忆回顾，并加速了习惯的形成。

可变奖励不会创造渴求，也就是说，你时不时地奖给别人原

---

① 可变奖励概念是一个意外的发现。有一天，哈佛大学著名心理学家斯金纳在实验室里做实验，不巧的是，他手头用来喂小白鼠的颗粒食物不够了，而制作新的很耗时间，因为他必须在机器上手动按压才行。他灵机一动，问自己："为什么每一次按下杠杆老鼠的行为都得到加强？"他决定只间歇性地给老鼠喂食，令他吃惊的是，改变食物的递送方式并没减少老鼠的行为，反而使其增加了。

本不喜欢的东西并不能使他们回心转意，但是可变奖励的确会显著放大我们曾体验过的渴求，因为它们会缓解我们的倦怠感。

在成功和失败各占一半的情形下，人们会体验到恰到好处的渴求的快感。得与失就发生在一瞬间，你只需要刚刚够的"赢"来体验满足感，以及刚刚够的"渴求"来体验欲望。这是遵循金发女孩准则的好处之一。如果你本来就对某个习惯感兴趣，那么应对难易程度适中的挑战是保持事物趣味不减的好方法。

当然，并不是所有的习惯都含有可变奖励的成分，你也不想让它们含有。如果谷歌只是间歇性地提供有参考价值的搜索结果，我会很快改用别的搜索引擎；如果优步只接我一半的行程，我恐怕早就不再用它的服务了；如果我每天晚上都用牙线剔牙，但不是每次都能让我的口腔更清洁，我想我会放弃用牙线的习惯。

不管有没有可变奖励，没有一种习惯会有无穷无尽的乐趣。在某个时刻，每个人在自我提升的过程中都面临着同样的挑战：你必须爱上厌倦。

我们都有人生目标并心怀梦想，但是，假如你只在心血来潮或一时兴起时才做出一些努力，那么无论你的目标或梦想是什么，你都不可能取得显著的成果。

我敢说，假如你下决心培养一种习惯并且坚持了一段时间，你总有一天会想要放弃。在你创业期间，有时你真的不想去上班；在你健身时，有时就想偷懒，少做几组动作；当该写作的时候，你会有几天不想打字。但是，当你感到心烦意乱、苦不堪言或精疲力竭时，是鼓足干劲还是萌生退意，这是专业人士和业余人士的分水岭。

专业人士依照既定计划行事，毫不动摇；业余人士则随波逐流，任性而为。专业人士知道对自己来说什么最重要，并有目的地去做；业余人士则随生活中的突发情况而变。

作家兼冥想老师大卫·凯恩（David Cain）鼓励他的学生别当"好天气的冥想者"。同样，你也不想成为一名努力与否全凭心情好坏的运动员、作家，等等。当一个习惯对你来说真正重要时，你必须愿意在任何心情下坚持下去。专业人士不会因自己心情不好而改变行动的时间表。他们可能享受不到乐趣，但是他们仍能做到坚持不懈。

我懒得做的组合训练动作有很多，但我从未后悔健身的选择；我懒得写的文章也不少，但我从未后悔按时发表；有很多天我都想放松一下，但我从未后悔准时到场，努力去做对我来说很重要的事。

成为出色的人的必经之路是无休止地反复做同样的事，且痴心不改。你必须爱上厌倦。

本章小结

- 金发女孩准则指出，人们在处理力所能及的事务时积极性最高。
- 成功的最大威胁不是失败，而是厌倦。
- 随着习惯成为常规，它们变得不那么有趣，也不那么令人愉悦。我们开始感到无聊。
- 每个人受到激励时都能努力工作。但当工作不那么令人兴奋时，仍能继续奋进的则是佼佼者。
- 专业人士依照既定计划行事，毫不动摇；业余人士则随波逐流，任性而为。

第 20 章

培养好习惯的负面影响

习惯是精通的铺路石。在国际象棋中，只有在熟练掌握了每个棋子的基本走法之后，你才能集中精力，设法晋级。你记住的每一条信息都在拓展你的精神空间，提升你的思考能力。任何事务都是如此。对一些简单动作熟到不假思索就能完成的地步之后，你就可以自由地关注更高层次的内容。这样看来，在任何追求卓越的努力中，习惯都是不可或缺的支柱。

然而，习惯的好处是有代价的。起初，每一次重复都让你的动作更流畅，做得更快、更娴熟。但到后来，随着你的习惯动作越来越自如，你对反馈的敏感度会下降。你心不在焉，机械地重复着熟悉的动作。就算犯了错也不再上心，就随它去了。既然自动驾驶已经能做到"足够好"，你就不再考虑如何做得更好。

习惯的好处是我们能够不假思索地做任何事，坏处是你习惯了以某种方式做事后，就不再介意其间暴露出的小纰漏。你认为你做得越来越好是因为你的经验越来越丰富。实际上，你只是在强化，而不是在改善你当前的习惯。事实上，一些研究表明，当一个人熟练掌握了一项技能之后，他随后表现出的水准会有所下降。[236]通常情况下，对这种下降不必大惊小怪。你并不需要系统性地持续改善刷牙、系鞋带或泡早茶的功力。只要养成了这些习惯，做到足够好也就行了。你在鸡毛蒜皮的琐事上耗费的精力越少，你能用在真正重要的事情上的精力就会越多。

然而，如果你想最大限度地发挥你的潜力，并达到出类拔萃的水准，你的做法就要有所不同。你不能漫不经心地反复做同样的事，同时期望自己能有非同凡响的表现。习惯是必要的，但还称不上精通。你需要的是习惯动作与刻意练习相结合。

习惯动作 + 刻意练习 = 精通

要想变得卓越，某些技能确实需要内化为下意识动作。篮球运动员先要能够娴熟、自如地运球，然后才能用他们的非惯用手带球上篮。外科医生要重复无数次切开的动作以达到游刃有余的地步，这样他们就可以专注于手术过程中的各种突发状况。但是一旦一个习惯被掌握，你就必须回到费力的那部分，开始培养下一个习惯。

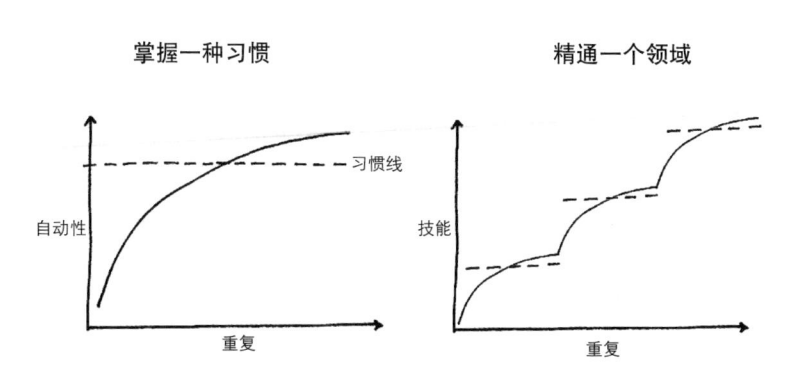

图 16：精通的过程要求你在一个又一个的基础上不断进步，每个习惯都是建立在最后一个基础上的，直到达到新的表现水平，更高范围的技能被内化

精通的过程，就是你把注意力集中到成功的一个微小元素上的过程。重复这一过程，直到技能内化，然后以这个新习惯为跳板，继续拓展你的发展空间。任何事做第二遍时都会变得容易一些，但不是总体上变得更容易，因为现在你正把精力投入到下一个挑战中。每个习惯都会解锁下一个级别的表现。这是一个无止境的循环。

虽然习惯的力量是强大的，但你需要的是一种可随时留意自己的表现的方式，这样你就可以不断改进和提高了。正是在你开始感觉自己已经熟练掌握了一项技能，也就是在所有动作都无比娴熟和轻而易举的那一刻，你必须避免陷入自满的陷阱。

如何避免呢？答案是建立一个反思和审视的体系。

怎样审视你的习惯并做出调整

1986 年，洛杉矶湖人队成为 NBA 有史以来最杰出的篮球队，但他们并非因为这个而出名。该队以惊人的 29∶5 的战绩开始了 1985—1986 赛季。"专家们说我们可能是篮球史上的最佳球队。"[237] 主教练帕特·赖利（Pat Riley）在赛季结束后说。但出人意料的是，湖人在 1986 年的季后赛中跌跌撞撞，并在西部决赛中惨败。"篮球史上的最佳球队"甚至没有参加 NBA 总冠军赛。

在那次打击之后，赖利再也不想听人说他麾下的球员多有天赋，以及球队的前途多么光明。他不希望看到自己的球队表现得像流星一样，在瞬时的辉煌过后渐渐黯然失色。他希望湖人发挥他们的潜力，一直光芒四射。为了实现这一目标，赖利正式在 1986 年夏天推出了他的事业有成努力计划（CBE）。[238]

"当球员们第一次加入湖人队时，"赖利解释道，"我们会汇总统计他们从高中起打篮球的相关数据。我把这项工作称为报数。我们力求精确地衡量每个球员的整体实力，并在此基础上把他纳入我们的团队计划中，当然前提是他将保持并提高他的综合平均水平。"

在确定了球员的基准表现水平后，赖利增加了一个关键步骤。他要求每个球员"在整个赛季中的表现至少提高1%。如果他们做到了，就等于完成了事业有成努力计划"。[239]就像我们在第1章中讨论的英国自行车队一样，湖人队通过每天进步一点点的方式获得最佳成绩。

赖利提醒说，CBE不仅事关分数或统计数字，还是关于"在精神、思想和身体上尽最大努力"的理念。球员们可因"当你知道对手将被判冲撞犯规而让对方撞上你；飞身抢待争球；争抢篮板球，不管能否拿到球；当本队防守的队员冲破防线时主动上前协助队友，以及其他'无名英雄'的行为"而得到加分。

比如，假设魔术师约翰逊（Johnson），即当时湖人队的明星球员，在一场比赛中得了11分、8个篮板、12次助攻、2次抢断和5次失误。魔术师还会因飞身抢待争球这种"无名英雄"的行动加分（+1）。最终他在这场假想的球赛中打了33分钟。

他总共得了34（11+8+12+2+1）分。然后，我们减去5次失误34-5，得到29分。最后，我们把29分除以33分钟。

29/33=0.879

魔术师此时获得的CBE分数是879。球员参加的每场比赛都会计算这个分数，而球员要做的是在整个赛季把各自的CBE平均数提高1%。赖利将每个球员目前的CBE与他们过去的表现以及联赛中其他球员的表现加以比较。正如赖利所说："我们将本队成员和打同一位置、担当相似角色的联盟对手放在一起排名。"

体育专栏作家杰基·麦克马伦（Jackie MacMullan）指出："赖利每周都在黑板上用醒目的字体宣传联盟中的顶尖选手，并与他手下相应的选手进行对比。稳定可靠的运动员通常能得 600 多分，而精英运动员至少是 800 分。在其职业生涯中取得了 138 次三双的魔术师约翰逊，得分经常超过 1000 分。"

湖人也通过对比 CBE 历史数据来强调年复一年的进步。赖利说："我们把 1986 年 11 月和 1985 年 11 月的数据做成柱状图，并列在一起，向球员们展示他们与上个赛季的成绩相比是好还是坏。然后，我们分别标出 1986 年 12 月和 11 月的成绩数据加以对比。"

湖人在 1986 年 10 月推出了 CBE。八个月后，他们成了 NBA 冠军。第二年帕特·赖利带领他的球队再次夺冠，使得湖人队成为二十年来连续赢得 NBA 总冠军的首支球队。赖利后来说："坚持不懈地努力对任何企业来说都极其重要。成功之策就是学会正确地做事，然后每次都以同样的方式去做。"[240]

CBE 计划是反思和审查能力的极佳例证。湖人队不乏有天赋的球员。CBE 帮助他们最大限度地挖掘自身的潜力，并确保他们的习惯得到改善而不是退化变质。反思和回顾有助于长期改善所有习惯，因为它让你认清自己的不足，并帮助你考虑可能的改善途径。没有反思，我们会为自己的行为寻理由、找借口，并自我欺骗。我们会因缺乏这样一种程序而无法确定我们与以往相比表现得更好还是更差。

所有领域的顶尖高手都会进行各式各样的反思和回顾，整个过程不必很复杂。肯尼亚跑步运动员埃利乌德·基普乔盖（Eliud Kipchoge）是一名极优秀的马拉松运动员，也是奥运会金牌得主。[241] 每次训练后，他依旧会记录当天的训练情况，并寻求不足之处。同样，金牌游泳运动员凯蒂·莱德基（Katie Ledecky）以 1～10

的等级给自己的健康状况打分,并记录自己的营养状况和睡眠状况。她还记下其他游泳运动员赢的次数。每周结束时,她的教练都会翻阅她的笔记并写下他的感想。[242]

这样做的也不仅仅是运动员。每当喜剧演员克里斯·洛克(Chris Rock)尝试新笑料时,他都会先去几十次小夜总会,测试数百个笑话。[243] 他在台上会随时记下哪些段子比较成功,哪些需要修改,精挑细选后的几条重磅笑话将成为他新节目的"骨干"。

我听说过一些高管和投资者有写"决策日志"的习惯,记录他们每周做出的重大决策、决策的理由,以及预期的结果。他们会在每个月底或年底回顾他们的选择,看看哪些是对的,哪些出了问题。①

习惯不仅需要改善,也需要微调。反思和回顾可以确保你的时间用在了正事上,并在必要时修正方向——比如帕特·赖利每晚都会调整球员们努力的方向。如果一种做法已经证实无效,那就不应继续浪费时间。

就我个人而言,我主要通过两种方式进行反思和回顾。每年12月,我都会进行年终总结[244],回顾一下当年都有哪些作为,比如发表了多少篇文章,进行了多少次健身,游览过多少个新地方,等等②。然后,我通过回答三个问题来反思我的进步(或不足):

1. 今年什么事做得比较好?
2. 今年什么事做得不太好?
3. 我学到了什么?

---

① 我为有兴趣写决策日志的读者创建了一个模板,包含在 jamesclear.com/habit-journal 上的习惯日志部分。
② 你可以在 jamesclear.com/annual-review 上看到我以前的年终总结。

半年后，当夏天来临之际，我会做一份诚信报告。像大家一样，我犯过很多错误，我的诚信报告有助于我认清哪里出了问题，并激励我回到正轨。我以此为契机，重新审视我的核心价值观，并审视自己是否一直在践行自己的价值观。我也借此机会反思我的身份以及怎样努力成为我心目中的那类人。[①]

我的年度诚信报告回答了三个问题：

1. 推动我生活和工作的核心价值观是什么？
2. 我现在生活和工作的诚信程度如何？
3. 我怎样为将来设定更高的标准？

这两份报告不需要很长时间就能完成，每年不过几个小时，但它们是自我完善的关键时间。这几个小时会帮我制止不经意间的懈怠和疏忽，会一年一度提醒我重新审视自己想要的身份，并考虑我的习惯是在怎样帮助我成为我崇拜的那种人。它们表明我何时应该改变我的习惯，迎接新的挑战，何时应该回归初心，练好基本功。

反思也能拓展视野。日常习惯之所以强大，是因为它们具有复利特性，但天天为自己的每个选择忧心忡忡就像用放大镜看自己，过于短视了。你专注于局部的瑕疵，忽略了更大的画面。这属于反馈过多。相反，从不回顾你的习惯就像从来不照镜子一样。你看不到能轻易纠正的瑕疵，比如衬衫上的一块污渍，牙齿上的食物残渣。这属于反馈过少。定期的反思和回顾就像是从正常距离照镜子，你既不失整体画面，也能看到应该做出的重大改变。

---

① 你可以在 jamesclear.com/integrity 上看到我以前的诚信报告。

你应该观赏整个山脉,而不是局限于某个山峰和山谷。

最后,反思和回顾也是个良机,可用来重新审视行为转变重要的方面之一——身份。

如何冲破阻碍你前进的执念

开始时,养成并保持一种习惯对于不断强化你所要建立的身份至关重要。然而,当你具备了这个新身份之后,这些相同的信念会阻碍你进入下一个发展阶段。你的身份与你作对时,会生发出某种"傲慢",怂恿你否认自己的缺点,阻止你真正成长。这是养成习惯最大的负面影响。

我们越是执着于某个想法,也就是说,它与我们的身份越紧密,我们就越坚决地捍卫它不受质疑。你在任何一个行业里都可以看到这一点。学校老师无视创新的教学方法,固守其久经实践检验的教案;资深经理执意要自行其是;外科医生拒绝年轻同事提出的建议;一支乐队在发行首个震撼人心的专辑之后便故步自封,再无创新。我们越是执着于一个身份,就越难超越它。

解决这种问题的办法之一,就是避免让你身份的任一属性主导你的人生。用投资者保罗·格雷厄姆(Paul Graham)的话来说:"尽量弱化你的身份。"[245] 你越是让某种单一信念定义你,当面临生活中的挑战时,你就越难适应。如果你把自己的一切都绑在控球后卫、公司合伙人,或者其他任何身份上,那么你生活中的这一面一旦有失,你就会遭遇灭顶之灾。你本来一向吃素,但身体出了问题,你必须改变原有饮食习惯,此时你将面临身份危机。假如你固守一种身份,你会变得不堪一击。失去那个身份,你就失去了自己的全部。

年轻时，我的大部分时间主要是以运动员的身份度过的。在棒球生涯结束后，我努力寻找自己新的身份。你一生都在用一种方式定义自己，而一旦这种定义消失了，你现在究竟是谁？

退伍军人和前企业家都曾提到过类似的感受。如果你的身份围绕着"我是优秀的士兵"这样的信念而建立，那么当你的服役期结束时会发生什么？对许多企业家来说，他们的身份可以与"我是首席执行官"或"我是创始人"画等号。如果你没日没夜地为自己的公司打拼了多年，卖掉公司后你会有什么感受？

要想降低随身份丧失而来的负面影响，关键是必须重新定义自己，这样即使你的特定角色发生了变化，你也可以保留身份的重要方面。

- ➢ "我是运动员"转变成"我是那种内心坚强、喜欢身体上的挑战的人"。
- ➢ "我是优秀的士兵"转变成"我是那种纪律严明、诚实可靠、富于团队合作精神的人"。
- ➢ "我是首席执行官"转变成"我是那种制造和创造东西的人"。

如选择恰当，身份可以是灵活的，而非不堪一击的。就像水在障碍物周围流动一样，你的身份会随着环境的变化而变化，而不是与环境对抗。

《道德经》的以下引文完美地概括了这些思想：

人之生也柔弱，其死也坚强。

草木之生也柔脆，其死也枯槁。

故坚强者死之徒，柔弱者生之徒。

是以兵强则灭，木强则折。

强大处下，柔弱处上。

——老子

习惯带来了许多好处，但缺点是它们也会让我们陷入以前的思维和行为模式，不能跟上时代前进的步伐。一切都是无常的。生活在不断变化，所以你需要定期检查一下，看看你固有的习惯和信念是否还在为你服务。

缺乏自我意识是毒药，反思和回顾是解药。

本章小结

- ➢ 习惯的好处是我们可以不假思索地行事，坏处是我们不再关注小错误。
- ➢ 习惯动作 + 刻意练习 = 精通
- ➢ 反思和回顾是一个过程，使你能够时刻关注自己的表现。
- ➢ 我们越是执着于一个身份，就越难超越它。

结语

获得持久成果的秘诀

古希腊有一则寓言,讲述了被称为"谷堆悖论"的连锁推理悖论。它要表明的是一个小动作在重复足够多次后会产生的效果。这个悖论的一种表述如下:一枚硬币能让一个人变得富有吗?如果你给一个人十枚硬币,你不会因此就宣称这个人富有。但是如果你加一个呢?再加一个呢?再加另一个呢?如此这般,直到某一刻,你不得不承认,除非一枚硬币能让这个人变得富有,否则没有人会变得富有。[246]

这种说法同样适用于微习惯。一个小小的改变能改变你的人生吗?你不太可能说是的。但是如果你又做了一个呢?又做了另一个呢?接着又做了另一个呢?在某个时刻,你会不得不承认你的人生被一个小小的变化改变了。习惯转变的"圣杯"不是单个1%的改进,而是成千个。它是无数微习惯叠加起来的结果,其中每个微习惯都是构成整个系统的基本单元。

一开始,小改进往往微不足道,因为它面对的整个系统体量太大了,无法撼动。正如一枚硬币不会让你变得富有一样,一个积极的变化,比如冥想一分钟或者每天读一页书,不太可能带来明显的不同。

然而，随着你持续将微小的变化层层叠加，人生的天平开始偏移。每次改进就像在有利于你的天平的一侧添加一粒沙，使它慢慢地偏向你。假如你能坚持下去，最终你会达到产生重大偏转的临界点。突然间，坚持好习惯变得轻而易举。整个系统开始偏向你，不再与你作对。

在这本书中，我们前前后后读到了几十位杰出人士的故事。他们中有奥运金牌得主、获奖艺术家、商业领袖、救死扶伤的医生和明星喜剧演员，他们都借助于小习惯，以掌握和提高他们的技艺，并在各自所在的领域取得登峰造极的成就。我们在此提及的每个人、团队和公司处境各有不同，但最终都以同样的方式取得了进步：致力于微小、可持续、不懈的改进。

成功不是要达到的目标，也不是要跨越的终点线。它是一个让人进步的体系、精益求精的过程。我在第1章中说过："如果你很难改变自己的习惯，问题的根源不是你，而是你的体系。坏习惯循环往复，不是因为你不想改变，而是因为你用来改变的体系存在问题。"

随着这本书接近尾声，我希望相反的情况是真实的。掌握了行为转变四大定律，你就拥有了一套工具和策略，可以用来建立更好的系统和养成更好的习惯。有时一个习惯很难记住，你需要让它显而易见。其他时候，你不想开始培养一个习惯时，你需要先让它有吸引力。在许多情况下，你可能会发现太难养成习惯，这时你需要让它简便易行。有时候，你不想坚持下去，那就让它令人愉悦。

让好习惯毫不费力的方式	让坏习惯难以养成的方式
显而易见 ……………………………	无从显现
有吸引力 ……………………………	缺乏吸引力
简便易行 ……………………………	难以施行
令人愉悦 ……………………………	令人厌烦

你想通过让你的好习惯显而易见、有吸引力、简便易行和令人愉悦的方式，把它们推向左边。与此同时，你想通过让坏习惯无从显现、缺乏吸引力、难以施行和令人厌烦的方式，把它们集中到右边。

这是一个连续不断的过程，没有终点线，也没有永久的解决方案。每当你想要自我提高时，你都可以围绕行为转变四大定律循序渐进，直到你发现下一个"瓶颈"。让它显而易见，让它有吸引力，让它简便易行，让它令人愉悦，一圈又一圈地循环发展，不停地寻求用来获得1%的进步的新方法。

获得持久成果的秘诀是不断进步，永不停歇。只要你一刻不停，坚持下去，你难以想象自己能取得多么了不起的成就。假如你不停止工作，你的公司业务发展将蒸蒸日上；假如你不停止健身，你将拥有强健的体魄；假如你不停止学习，你能汇聚起知识的宝库；假如你不停止储蓄，你将积累巨额的财富；假如你不停止关爱，你的朋友将会遍布天下。小习惯不会简单相加，它们会复合。

这就是微习惯的力量——微小的变化，显著的结果。

附 录

接下来你该读什么

感谢你花时间读这本书。很高兴与你分享我的工作成果。如果你想继续研读，就请容我提个建议。

如果你喜欢《掌控习惯》，那么你可能也会喜欢我的其他作品。我通常会在免费的《每周通信》中发布最新文章。该通信的订阅用户能最先得知我的新书出版的消息和开展的项目的情况。最后，除了我自己的工作，每年我都会发布一份涉及各种主题的阅读清单，向大家推荐我最喜欢的其他作者的作品。

你可以登录 jamesclear.com/newsletter 注册。

从四大定律中吸取的教训

在这本书中，我介绍了人类行为的四步模型：提示、渴求、反应和奖励。这个框架不仅教我们如何培养新习惯，还揭示了有关人类行为的一些有趣的见解。

问题阶段		解决阶段	
1. 提示	2. 渴求	3. 反应	4. 奖励

在本节中，我罗列出了一些已然由四部模型证实的经验教训（以及一些常识）。这样做的目的在于进一步说明，这个模型在描述人类行为时帮助极大，且用途广泛。一旦你理解了这个模型，你会在任何地方看到有关它的例证。

意识先于欲望。当你赋予提示一定意义之后，就会产生渴求。你的大脑会构造一种情绪或感觉来描述你的现状，这意味着渴求只会产生于你发现机会之后。

幸福即无欲。当你观察到提示，但不想改变你的现状时，说明你安于现状。幸福无关获得快乐（乐趣或满足），而事关欲望缺失。当你没有体验不同感受的冲动时，幸福就会到来。幸福就是你安于现状，不想做任何改变的状态。

然而，幸福转瞬即逝，因为你总会生出新的欲望。正如卡德·布德里斯（Caed Budris）所说："幸福是已得到满足的欲望与酝酿中的欲望之间的空当。"[247] 同样，痛苦则是渴望改变现状与改变得以实现那一刻之间的空当。

我们追寻的是快乐的理念。我们寻求我们脑海中产生的快乐影像。在采取行动时，我们并不知道获得这个影像会给我们带来什么（甚至不能确定它是否会令我们愉悦）。满足感只有在事发之后才会出现。奥地利神经学家维克多·弗兰克（Victor Frankl）说，幸福是追求不到的，只能尾随而来。[248] 他一语中的。欲望是用来追求的，快乐则是行动的结果。

当你不把你的观察结果转化为问题时，你就能实现心态平和。任何行为的第一步都是观察。你会注意到一个提示、一点信息、一个事件。如果你不想对你所观察到的事情采取行动，那么你是平静的。

渴求是想有所作为。观察未引发渴求说明你没有认识到需要有所作为。你的欲望没有泛滥，你不渴望改变现状，你的头脑不会构想出问题让你去解决，你只是在观察着，无动于衷。

有了充足的理由，可以克服任何困难。德国哲学家和诗人弗里德里希·尼采（Friedrich Nietzsche）有一句名言："有足够理由活着的人几乎可以忍受任何生存方式。"[249] 这个说法包含了一个关于人类行为的重要事实：如果你的动机和欲望足够强大（也就是说，你为什么要行动），即使困难重重，你也会采取行动——强烈的渴求可以推动伟大的行动——即使阻力巨大。

好奇总比头脑灵活好。积极向上和好奇比头脑灵活更重要，因为它们会引发行动，头脑灵活永远不会独自产生结果，因为它不会让你采取行动。产生行为的是欲望，而不是智力。纳瓦尔·拉维坎特说过："做任何事情的诀窍是首先培养对它的渴望。"

情绪驱动行为。在某种程度上，每个决定都是一个情绪性的决定。不管你采取行动的逻辑上的理由是什么，你只会因为情绪而感受到采取行动的必要性。事实上，大脑情绪中心受损的人可以列出许多采取行动的理由，但始终不会真正采取行动，因为他们缺乏情感驱动。这就是为什么渴求先于反应——先有感觉，然后才有行动。

只有在经历了情绪后，我们才能变得理性和有逻辑。大脑的主模式是感觉，次模式是思考。我们的第一反应——大脑中快速、无意识的部分——是针对感觉和预期而优化的。我们的次一级反应——大脑中缓慢、有意识的部分——是"思考"的部分。

心理学家将上述过程区分为系统1（感觉和快速判断）与系统2（理性分析）——感觉在先（系统1），理性只在随后介入（系统2）。[250] 当两者协同一致时，会发挥极佳作用，但当两者不一致时，就会产生不合逻辑、感情用事的后果。

你的反应倾向于跟随你的情绪。我们的思想和行动源于我们认为有吸引力的东西，而不一定是符合逻辑的东西。两个人可以注意到相同的一组事实，但会有非常不同的反应，因为他们各自独有的情感过滤器会分别处理这些事实。这就是诉诸情感通常比诉诸理性更有力量[251]的原因之一。如果一个话题让某人感到情绪激动，他们很少会对数据感兴趣。这就是为什么情绪会给明智的决策造成较大威胁。

换句话说，大多数人认为合理的反应是对他们有利，即满足他们欲望的那一个。从更加中立的情感立场来处理一个问题，可以让你的反应基于数据而不是情感。

痛苦推动进步。所有痛苦的根源是对改变现状的渴求。这也是一个人所有进步的源泉。对改变现状的渴求激励着你采取行动。想得到更多的欲念驱使着人们寻求改进，开发新技术，达到更高的水平。内心涌动着渴求，意味着我们不满足，因此动力十足。没有渴求，我们就会心满意足，不思进取。

你的行为揭示了你有多想要某种东西。如果你一直在说要尽快做某件事，但你迟迟不动，那就说明你并不真想要它。是时候正视自己的内心了，你的行为揭示了你真正的动机。

奖励是牺牲的另一面。反应（牺牲能量）总是先于奖励（收集资源）。"跑步者的愉悦感"是在运动量超过一定程度后的体验，只有在消耗掉一定能量后，奖励才会到来。

自我控制很难做到，因为它不令人愉悦。奖励是让你的渴求得到满足的结果。这使得自我控制难以起效，因为我们的欲望通常只能被抑制而不会被根除。抵制诱惑并不能满足你的渴求，你只会忽略诱惑，打通让渴求穿过的通道。自我控制要求你释放欲望而不是满足欲望。

我们的期望决定了我们的满意度。我们的渴求与所得之间的差距，决定了我们采取行动后获得了多大程度上的满足感。如果期望和结果之间的差距是正面的（惊喜），那么我们将来重复一种行为的可能性就很大；如果是负面的（失望和沮丧），那么我们就不太可能再去做。

例如，如果你期望得到 10 美元但得到了 100 美元，你感觉棒极了；如果你期望得到 100 美元却只得到 10 美元，你会深感失望。你的期望会影响你的满意度。期望过高，结果令人失望；期望过低，结果让人惊喜。当期望和所得大致相同时，你会感到满意。

满意 = 喜欢 − 想要[252]

这就是古罗马斯多亚学派哲学家塞涅卡（Seneca）的名言"贫

穷并不是太少，而是想要更多"[253]所蕴含的智慧。假如你想要的远超你能得到的，你永远不会感到满意。你总是把重心放在问题上，而不是解决方案上。

幸福是相对的。当我第一次开始公开分享我的作品时，我花了三个月的时间才获得了1000名订阅用户。当我到达那座里程碑时，我告诉了我的父母和女朋友。我们为此举行了庆祝活动。我异常激动，兴致勃勃。几年后，我意识到每天都有1000人订阅。然而我根本没想过告诉任何人，感觉这很平常。我此时所获比以前多了90倍，但我并没有感觉多高兴。过了几天我才意识到，我居然没有庆祝几年前还像是白日梦的成就，这是多么荒谬。

失败的痛苦与期望的高度正相关。当欲望很强烈时，结果不符合要求会令人感到痛苦。你一开始并不惦记的东西，得不到也无所谓，但得不到你日思夜想的东西会让你备受打击。这就是为什么人们说："我不想抱有太大的希望。"

行为前后都有感觉。在行动之前，有一种感觉在激励你行动，那就是渴求；行动之后，有一种感觉教导你在未来重复这个动作，那就是奖励。

提示＞渴求（感觉）＞反应＞奖励（感觉）

我们的感受影响我们的行为方式，我们的行为方式影响我们的感受。

欲望负责点火，快乐保持烈火持续燃烧。想要和喜欢是行为的两大驱动力。假如它不值得要，你没有理由去做。欲望和渴求启动一种行为，但是假如你体会不到快感，你就没有理由再去做。快乐和满足给予一种行为源源不断的动力，感觉有动力会让你行动起来，成就感则促使你不断重复那种行为。

希望随着体验的加深而消退，最终为接纳所取代。一个机会初现时，人们对各种可能性充满期待。你的期望（渴求）完全基于许诺。一个机会第二次出现时，你的期望基于现实。你开始理解这一过程是如何展开的，你的希望逐渐被替换为更准确地预测和接受可能的结果。

这也是我们一直想要抓住最新的快速致富或减肥方式的原因之一。新方式带来了希望，因为我们不曾经历过，可以敞开来想象。新策略似乎比旧策略更有吸引力，因为它们可以有无限的希望。正如亚里士多德（Aristotle）所指出的："青年容易受骗，因为希望之火会迅速燃起。"[254] 也许这可以修改为："青年容易受骗，因为他们唯有希望。"因缺乏现实经验，可以放飞期望。一开始，希望是你的全部。

怎样将这些想法应用于商业

多年来，我应邀去《财富》500强和初创企业演讲，其间谈到运用与掌控习惯相关知识的方法，从而提高企业经营效率并使其制造出更好的产品。我已经将许多最实用的策略汇编成了额外一章。我想你会发现它是对《掌控习惯》中提到的主要思想极为有益的补充。

你可以在以下网址下载相关内容：jamesclear.com/atomic-habits/business。

怎样将这些想法应用于养育子女

我经常收到读者提出的这样的问题："我怎么才能让我的孩子这样做？"《掌控习惯》中的观点广泛适用于所有的人类行为（当然也适用于少年儿童），这意味着你可以在正文中找到大量有用的策略。尽管如此，为人父母确实面临着独特的挑战。我整理了额外一章，专门讲述如何将这些想法应用于养育子女方面。

你可以在以下网址下载本章相关内容：jamesclear.com/atomic-habits/parenting。

鸣　谢

在本书创作过程中，我高度仰赖众人的帮助。我首先要感谢我的妻子克里斯蒂，她在整个过程中不可或缺。她在我写作这本书的全程中，扮演了每一个可能存在的角色：配偶、朋友、粉丝、评论家、编辑、研究员、治疗师。毫不夸张地说，没有她，这本书还指不定是什么样子的，或许它根本就不会问世。就像我们在生活中的方方面面那样，本书也是我们齐心协力创造的结晶。

其次，我要感谢我的家人，不仅感谢他们对这本书的支持和鼓励，也感谢他们一贯对我坚信不疑，无论我做的是什么项目。我受益于父母、祖父母和兄弟姐妹多年的支持。我特别希望我的父母知道我深爱着他们。知道父母是你的铁杆粉丝，你会有一种说不出的感觉。

再次，我要感谢我的助手林赛·纳科尔斯。在这件事上，她所做的远远超出了本职工作，在一家小企业里你能想象出的所有事情，她几乎都会按要求去做。所幸她拥有卓越的才能，弥补了我在管理水平上的欠缺。说这本书的部分内容是她写的也不过分。

我非常感谢她的帮助。

至于这本书的内容和写作，我有太多人要感谢。首先要提及的几位，我从他们那里学到了很多，所以不提他们的名字等同于犯罪。里奥·巴伯塔、查尔斯·都希格、尼尔·埃亚尔和 B. J. 福格都以他们各自有意义的方式影响了我对习惯的思考。他们所做的努力、提出的想法贯穿全书。如果你喜欢这本书，我推荐你也去读一下他们的作品。

在写作的不同阶段，我受益于许多优秀编辑的指导。感谢彼得·古扎尔迪带我走过写作过程的早期阶段，并在关键时刻警醒我。我要感谢布莱克·阿特伍德和罗宾·德拉博夫把我粗糙而冗长的初稿化作一份内容紧凑、易读的手稿。我感谢安妮·巴恩格罗弗，她让我的写作提升了档次并增添了些许诗意。

我还要感谢许多读过手稿早期版本的各位，包括布鲁斯·安蒙斯、达尔塞·安塞尔、蒂姆·巴拉德、威绍·巴拉德瓦杰、夏洛特·布兰克、杰罗姆·伯特、西姆·坎贝尔、阿尔·卡洛斯、尼基·凯斯、朱莉·章、贾森·科林斯、德布拉·克罗伊、罗杰·杜利、蒂亚戈·福特、马特·加特兰、安德鲁·耶雷尔、兰迪·吉芬、乔恩·吉甘蒂、亚当·吉尔伯特、斯蒂芬·居耶内特、杰里米·亨顿、简·霍瓦特、约阿基姆·扬松、乔希·考夫曼、安妮·卡瓦纳、克里斯·克劳斯、齐克·洛佩斯、卡迪·梅肯、希德·马德森、基拉·麦格拉思、埃米·米切尔、安娜·莫伊塞、斯泰西·莫里斯、塔拉–尼科尔·纳尔逊、泰勒·皮尔逊、马克斯·尚克、特雷·谢尔顿、贾森·沈、雅各布·赞格里迪斯以及阿里·泽尔曼诺。你们就本书提出的宝贵意见使我受益匪浅。

我要对艾弗里和企鹅兰登书屋的团队说声谢谢，他们将出版这本书变成了现实。我要特别感谢我的发行人梅根·纽曼，感谢她在我不断推迟截止日期时表现出的极大耐心。她给了我创作一本我引以为豪的书所需的空间，并在成书的每一步都支持我的想法。我要感谢尼娜所做的修饰，她在保留原意的同时给我的写作增色不少。

我要向林赛、法林、凯西和企鹅兰登书屋团队的其他成员致谢，他们将这本书的信息传播给远超我自己所能接触到的人。感谢皮特·加尔索为这本书设计的漂亮封面。

还有我的经纪人丽莎·迪莫纳，感谢她在出版过程的每一阶段给予我的指导和她的洞察。

我要感谢许多朋友和家人，他们时常会问我："书写得怎么样了？"当我难免回答"比较慢"时，他们就会对我说一句鼓励的话。在写作过程中，每个作者都会面临一些黑暗的时刻，得到一句鼓励就足以让你第二天继续努力。

我确信在我的感谢名单中漏掉了一些人，但是我在 jamesclear.com/thanks 上传了一份对我的思想有积极影响的人的最新名单。

最后，我要对翻开本书的你说：生命短暂，而你抽出了一些宝贵时间来读这本书。谢谢你。

2018 年 5 月

注　释

在这一部分，我为书中的每一章都列出了详细的注释、参考资料和引文。我相信大多数读者会发现这份清单足够了。然而，我也意识到科学文献会随着时间的推移而不断变化，因此，这本书的参考资料可能需要更新。此外，我确信这本书中难免会有这样或那样的错误，要么把一个想法归错了人，要么忘了归功于某个人。(如果你发现了这种错误，请给james@jamesclear.com发邮件，以便我尽快解决这个问题。)

除了下面的注释，你还可以登录jamesclear.com/atomichabits/endnotes，找到更新尾注和更正过的完整注释列表。

前言

1　你可能会问，运气怎么样？运气当然很重要。习惯不是影响你成功的唯一因素，但它们可能是你能控制的最重要的因素。唯一有意义的自我提升策略是专注于你能控制的事情。

2 Naval Ravikant (@naval), "To write a great book, you must first become the book," Twitter, May 15, 2018.

3 B. F. Skinner, *The Behavior of Organisms* (New York: Appleton-Century-Crofts, 1938).

4 Charles Duhigg, *The Power of Habit: Why We Do What We Do in Life and Business* (New York: Random House, 2014).

第 1 章

5 Matt Slater, "How GB Cycling Went from Tragic to Magic," BBC Sport, April 14, 2008.

6 Tom Fordyce, "Tour de France 2017: Is Chris Froome Britain's Least Loved Great Sportsman?" BBC Sport, July 23, 2017.

7 Richard Moore, *Mastermind: How Dave Brailsford Reinvented the Wheel* (Glasgow: BackPage Press, 2013).

8 Matt Slater, "Olympics Cycling: Marginal Gains Underpin Team GB Dominance," BBC, August 8, 2012.

9 Tim Harford, "Marginal Gains Matter but Gamechangers Transform," Tim Harford, April 2017.

10 Eben Harrell, "How 1% Performance Improvements Led to Olympic Gold," *Harvard Business Review*, October 30, 2015; Kevin Clark, "How a Cycling Team Turned the Falcons Into NFC Champions," The Ringer, September 12, 2017.

11 准确地说，英国车手在2008年奥运会上赢得了57%的公路和赛道自行车奖牌。此项赛事共有14枚金牌，英国人赢得了其中的8枚。

12 "World and Olympic Records Set at the 2012 Summer Olympics," Wikipedia, December 8, 2017.

13 Andrew Longmore, "Bradley Wiggins," *Encyclopedia Britannica*, April 24, 2023, https://www.britannica.com/biography/Bradley-Wiggins. Accessed 28 August 2023.

14 Karen Sparks, "Chris Froome," *Encyclopedia Britannica*, May 16, 2023, https://www.britannica.com/biography/Chris-Froome. Accessed 28 August 2023.

15 "Medals won by the Great Britain Cycling Team at world championships, Olympic Games and Paralympic Games since 2000," British Cycling, June 8, 2018.

16 企业家兼作家贾森·沈很早就读了这本书。读完这一章后,他说:"如果收益是线性的,你会预测收益会提高3.65倍。但是因为它是指数级的,所以实际上提高了10倍。"

17 许多人已经注意到习惯会随着时间的推移不断衍生。有关这个主题,我最喜欢的文章和书籍包括 Leo Babauta, "The Power of Habit Investments," Zen Habits, January 28, 2013; Morgan Housel, "The Freakishly Strong Base," Collaborative Fund, October 31, 2017; Darren Hardy, *The Compound Effect* (New York: Vanguard Press, 2012)。

18 最初用这种方式向我描述习惯的是贾森·赫雷哈,详见 Jason Hreha (@jhreha), "They're a double edged sword," Twitter, February 21, 2018。

19 As Sam Altman says, "A small productivity gain, compounded over 50 years, is worth a lot." "Productivity," Sam Altman. April 10, 2018.

20　Michael (@mmay3r), "The foundation of productivity is habits. The more you do automatically, the more you're subsequently freed to do. This effect compounds," Twitter, April 10, 2018.

21　学习新观念会增加你原有观念的价值，我最初从帕特里克·奥肖内西那里听到了这种说法，他的原话是："这就是知识会复合增益的原因。价值为 4/10 的旧东西可能会变成 10/10，未来会被另一本书释放出来。"

22　"How to Live a Longer, Higher Quality Life, with Peter Attia, M.D.," Investor's Field Guide, March 7, 2017.

23　Matt Moore, "NBA Finals: A Rock, Hammer and Cracking of Spurs' Majesty in Game 7," CBS Sports, June 21, 2013.

24　这个图片的灵感来自 @MlichaelW 于 2018 年 5 月 19 日的推文。详见 "Deception of linear vs exponential" by @MlichaelW. May 19, 2018。

25　灵感来自米尔恰先生在推特上发布的一句话，他写道："每个习惯都是从一个单一的决定开始的。"

26　感谢克罗斯菲特教练本·伯杰龙给我的灵感。2017 年 2 月 28 日，我和他的一次谈话催生了这句引语。

27　这句话的灵感来自古希腊抒情诗人阿尔基洛科斯的名言："我们达不到我们期望的水平，只能达到我们训练的水准。"

第 2 章

28　感谢西蒙·西内克。他的"金环"框架与我的设计思路类似，但涉及不同的主题。详见 Simon Sinek, *Start with Why: How Great Leaders Inspire Everyone to Take Action* (London: Portfolio/Penguin,

2013), 37。

29 这一部分中的引述是为了便于阅读而以对话形式呈现的，但最初是克拉克写的。详见 Brian Clark, "The Powerful Psychological Boost that Helps You Make and Break Habits," Further, November 14, 2017。

30 Christopher J. Bryan et al., "Motivating Voter Turnout by Invoking the Self," *Proceedings of the National Academy of Sciences* 108, no. 31 (2011): 12653–12656.

31 Leon Festinger, *A Theory of Cognitive Dissonance* (Stanford, CA: Stanford University Press, 1957).

32 从技术上讲，identidem（身份）是属于晚期拉丁语的一个词。此外，感谢我的读者塔马尔·施珀内，她最初告诉我"身份"这个词的词源，是她在《美国遗产词典》中查到的。

33 这是微习惯可以如此有效地改变身份的另一个原因。如果你过快改变自己的身份，一夜之间变成了一个完全不同的人，那么你会觉得自己好像失去了自我意识。但是，如果你逐渐更新和扩展你的身份，你会发现自己重生成了一个全新但仍然熟悉的人。慢慢地，一个习惯接着一个习惯，一次肯定接着另一次肯定，你会逐渐习惯于你的新身份。微习惯和逐渐改善是改变但不丧失身份的关键。

第 3 章

34 Peter Gray, *Psychology*, 6th ed. (New York: Worth, 2011), 108–109.

35 Edward L. Thorndike, "Animal Intelligence: An Experimental Study of the Associative Processes in Animals," *Psychological Review:*

Monograph Supplements 2, no. 4 (1898), doi:10.1037/h0092987.

36 这是桑代克原文的概括，内容是："在特定情况下产生令人满意效果的反应在那种情况下变得更有可能再次发生，而产生令人不安效果的反应在那种情况下变得不太可能再次发生。详见 Peter Gray, *Psychology*, 6th ed. (New York: Worth, 2011), 108－109。

37 Charles Duhigg, *The Power of Habit: Why We Do What We Do in Life and Business* (New York: Random House, 2014), 15; Ann M. Graybiel, "Network-Level Neuroplasticity in Cortico-Basal Ganglia Pathways," *Parkinsonism and Related Disorders* 10, no. 5 (2004), doi:10.1016/j.parkreldis.2004.03.007.

38 Jason Hreha, "Why Our Conscious Minds Are Suckers for Novelty," *Revue*, June 8, 2018.

39 John R. Anderson, "Acquisition of Cognitive Skill," *Psychological Review* 89, no. 4 (1982), doi:10.1037/0033－295X.89.4.369.

40 Shahram Heshmat, "Why Do We Remember Certain Things, But Forget Others," *Psychology Today*, October 8, 2015.

41 William H. Gladstones, Michael A. Regan, and Robert B. Lee, "Division of Attention: The Single-Channel Hypothesis Revisited," *Quarterly Journal of Experimental Psychology Section A* 41, no. 1 (1989), doi:10.1080/14640748908402350.

42 Daniel Kahneman, *Thinking, Fast and Slow* (New York: Farrar, Straus and Giroux, 2015).

43 John R. Anderson, "Acquisition of Cognitive Skill," *Psychological Review* 89, no. 4 (1982), doi:10.1037/0033－295X.89.4.369.

44 Antonio R. Damasio, *The Strange Order of Things: Life, Feeling,*

and the Making of Cultures (New York: Pantheon Books, 2018); Lisa Feldman Barrett, *How Emotions Are Made* (London: Pan Books, 2018).

第 4 章

45 我最初从丹尼尔·卡尼曼那里听说了这个故事，但是克莱因在 2017 年 3 月 30 日的一封邮件中证实了它。克莱因还在他自己的书中讲述了这个故事，书中的引文略有不同。详见 Gary A. Klein, *Sources of Power: How People Make Decisions* (Cambridge, MA: MIT Press, 1998), 43–44。

46 Gary A. Klein, *Sources of Power: How People Make Decisions* (Cambridge, MA: MIT Press, 1998), 38–40.

47 马尔科姆·格拉德威尔在《眨眼之间》中讲述了一个著名的例子——盖蒂博物馆的"青年站姿雕像"。这座雕塑最初被认为来自古希腊，成交价高达 1000 万美元。后来有位专家一眼认定它是赝品，由此引发争议。

48 Siddhartha Mukherjee, "The Algorithm Will See You Now," *New Yorker*, April 3, 2017.

49 德国医生赫尔曼·冯·亥姆霍兹提出了大脑是一台"预测机器"的说法。

50 Helix van Boron, "What's the Dumbest Thing You've Done While Your Brain Is on Autopilot," Reddit, August 21, 2017.

51 SwordOfTheLlama, "What Strange Habits Have You Picked Up from Your Line of Work," Reddit, January 4, 2016.

52 SwearImaChick, "What Strange Habits Have You Picked Up from Your Line of Work," Reddit, January 4, 2016.

53 尽管荣格这句话广为流传，但我很难找到它的出处。它很可能是下面这段话的意译："心理法则说，当一个内在的情况没有被意识到时，它发生在外面，就像命运一样。也就是说，当一个人依旧保持着完整的个体，没有意识到他内在的对立面时，这个世界必须展现冲突，并被撕成两半。"详见 C. G. Jung, *Aion: Researches into the Phenomenology of the Self* (Princeton, NJ: Princeton University Press, 1959), 71。

54 Alice Gordenker, "JR Gestures," *Japan Times*, October 21, 2008.

55 Allan Richarz, "Why Japan's Rail Workers Can't Stop Pointing at Things," *Atlas Obscura*, March 29, 2017.

第 5 章

56 Sarah Milne, Sheina Orbell, and Paschal Sheeran, "Combining Motivational and Volitional Interventions to Promote Exercise Participation: Protection Motivation Theory and Implementation Intentions," *British Journal of Health Psychology* 7 (May 2002): 163–184.

57 Katherine L. Milkman, John Beshears, James J. Choi, David Laibson, and Brigitte C. Madrian, "Using Implementation Intentions Prompts to Enhance Influenza Vaccination Rates," *Proceedings of the National Academy of Sciences* 108, no. 26 (June 2011): 10415–10420.

58 Katherine L. Milkman, John Beshears, James J. Choi, David Laibson, and Brigitte C. Madrian, "Planning Prompts as a Means of Increasing Preventive Screening Rates," *Preventive Medicine* 56, no. 1 (January

2013): 92–93.

59　Peter Gollwitzer and Paschal Sheeran, "Implementation Intentions and Goal Achievement: A Meta - Analysis of Effects and Processes," *Advances in Experimental Social Psychology* 38 (2006): 69–119.

60　David W. Nickerson and Todd Rogers, "Do You Have a Voting Plan? Implementation Intentions, Voter Turnout, and Organic Plan Making," *Psychological Science* 21, no. 2 (2010): 194–199.

61　"Policymakers around the World Are Embracing Behavioural Science," *The Economist*, May 18, 2017.

62　Edwin Locke and Gary Latham, "Building a Practically Useful Theory of Goal Setting and Task Motivation: A 35-Year Odyssey," *American Psychologist* 57, no. 9 (2002): 705–717, doi:10.1037//0003–066x.57.9.705.

63　Hengchen Dai, Katherine L. Milkman, and Jason Riis, "The Fresh Start Effect: Temporal Landmarks Motivate Aspirational Behavior," *PsycEXTRA Dataset*, 2014, doi:10.1037/e513702014–058.

64　Jason Zweig, "Elevate Your Financial IQ: A Value Packed Discussion with Jason Zweig," interview by Shane Parrish, *The Knowledge Project*, Farnam Street, audio retrievable.

65　对于"习惯叠加"这个术语，我要感谢S. J. 斯科特，他写了一本同名的书。据我所知，他的概念略有不同，但我喜欢这个词，并认为它适用于本章。以前的作家，如考特尼·卡弗和朱利安·史密斯，也用过"习惯叠加"一词，但是语境不同。

66　"Denis Diderot," *New World Encyclopedia*, last modified October 26, 2017.

67　狄德罗的猩红色长袍常被说成是朋友送的礼物。无论如何，我找不到任何声称这是礼物的原始出处，也找不到任何文字说明谁送了这件礼物。如果你碰巧认识任何专门研究长袍买卖的历史学家，请不吝告知，以便我们澄清狄德罗那件著名的猩红色长袍的来历。详见 *Encyclopædia Britannica*, vol. 8 (1911), s.v.。

68 Denis Diderot, "Regrets for My Old Dressing Gown," trans. Mitchell Abidor, 2005.

69 Juliet Schor, *The Overspent American: Why We Want What We Don't Need* (New York: HarperPerennial, 1999).

70 在本章中，我用"习惯叠加"一词来指代将新习惯和旧习惯联系起来。我要把这个想法归功于福格。他在其作品中用"锚定"一词来描述这种方法，因为你的旧习惯充当了固定新习惯的"锚"。不管你喜欢哪个说法，我相信这都是一个非常有效的策略。你可以在他的个人网站上进一步了解福格的工作和他的习惯养成方法。

71 Dev Basu (@devbasu), "Have a one-in-one-out policy when buying things," Twitter, February 11, 2018.

第 6 章

72 Anne N. Thorndike et al., "A 2-Phase Labeling and Choice Architecture Intervention to Improve Healthy Food and Beverage Choices," *American Journal of Public Health* 102, no. 3 (2012), doi:10.2105/ajph.2011.300391.

73 多项研究表明，即使我们没有真正的生理饥饿，仅仅看到食物就能让我们感到饥饿。有位研究人员声称："饮食行为在很大程度上是对环境中食物线索自动反应的结果。"详见

D. A. Cohen and S. H. Babey, "Contextual Influences on Eating Behaviours: Heuristic Processing and Dietary Choices," *Obesity Reviews* 13, no. 9 (2012), doi:10.1111/j.1467‐789x.2012.01001.x; Andrew J. Hill, Lynn D. Magson, and John E. Blundell, "Hunger and Palatability: Tracking Ratings of Subjective Experience Before, during and after the Consumption of Preferred and Less Preferred Food," *Appetite* 5, no. 4 (1984), doi:10.1016/s0195‐6663(84)80008‐2。

74 Kurt Lewin, *Principles of Topological Psychology* (New York: McGraw–Hill, 1936).

75 Hawkins Stern, "The Significance of Impulse Buying Today," *Journal of Marketing* 26, no. 2 (1962), doi:10.2307/1248439.

76 Michael Moss, "Nudged to the Produce Aisle by a Look in the Mirror," *New York Times*, August 27, 2013.

77 人们接触某种食物的次数越多，就越有可能购买和食用它。详见 T. Burgoine et al., "Associations between Exposure to Takeaway Food Outlets, Takeaway Food Consumption, and Body Weight in Cambridgeshire, UK: Population Based, Cross Sectional Study," *British Medical Journal* 348, no. 5 (2014), doi:10.1136/bmj.g1464。

78 Timothy D. Wilson, *Strangers to Ourselves: Discovering the Adaptive Unconscious* (Cambridge, MA: Belknap Press, 2004), 24.

79 B. R. Sheth et al., "Orientation Maps of Subjective Contours in Visual Cortex," *Science* 274, no. 5295 (1996), doi:10.1126/science.274.5295.2110.

80 1973年多内拉·梅多斯在丹麦科勒可乐（Kollekolle）举行的一次会议上听到了这个故事。详见 Donella Meadows and Diana

Wright, *Thinking in Systems: A Primer* (White River Junction, VT: Chelsea Green, 2015), 109。

81 实际估计是8%,但是考虑到使用的变量,每年节省5% ~ 10%是合理估算。详见Blake Evans-Pritchard, "Aiming to Reduce Cleaning Costs," *Works That Work*, Winter 2013。

82 涉及刺激控制的技术甚至已经成功地用于帮助失眠症患者。简言之,那些难以入睡的人被告知,只有在他们感到疲惫时才能进卧室并躺在床上。他们还被告知,如果难以入睡,就起床换个房间。这确实是很奇怪的建议,但过了一段时间之后,研究人员发现,"通过将床与'该睡觉了'而不是其他活动(看书、只是躺着等)联系起来,参与者重复多次这种举动之后,最终能够很快入睡:因为由此成功创建了触发机制,在他们的床上入睡几乎成了自然而然的事"。详见Charles M. Morin et al., "Psychological and Behavioral Treatment of Insomnia: Update of the Recent Evidence (1998–2004)," *Sleep* 29, no. 11 (2006), doi:10.1093/sleep/29.11.1398; Gregory Ciotti, "The Best Way to Change Your Habits? Control Your Environment," Sparring Mind。

83 S. Thompson, J. Michaelson, S. Abdallah, V. Johnson, D. Morris, K. Riley, and A. Simms, *'Moments of Change' as Opportunities for Influencing Behaviour: A Report to the Department for Environment, Food and Rural Affairs* (London: Defra, 2011).

84 多种研究发现,当你所处的环境改变后,你更容易改变你的行为。例如,学生转学后会改变他们看电视的习惯。详见Wendy Wood and David T. Neal, "Healthy through Habit: Interventions for Initiating and Maintaining Health Behavior Change," *Behavioral Science and Policy* 2, no. 1 (2016), doi:10.1353/bsp.2016.0008; W.

Wood, L. Tam, and M. G. Witt, "Changing Circumstances, Disrupting Habits," *Journal of Personality and Social Psychology* 88, no. 6 (2005), doi:10.1037/0022‐3514.88.6.918。

85 也许这就是 36% 的行为成功改变与搬到新地方有关的原因。详见 Melissa Guerrero-Witt, Wendy Wood, and Leona Tam, "Changing Circumstances, Disrupting Habits," *PsycEXTRA Dataset* 88, no. 6 (2005), doi:10.1037/e529412014‐144。

第 7 章

86 Lee N. Robins et al., "Vietnam Veterans Three Years after Vietnam: How Our Study Changed Our View of Heroin," *American Journal on Addictions* 19, no. 3 (2010), doi:10.1111/j.1521‐0391.2010.00046.x.

87 "Excerpts from President's Message on Drug Abuse Control," *New York Times*, June 18, 1971.

88 Lee N. Robins, Darlene H. Davis, and David N. Nurco, "How Permanent Was Vietnam Drug Addiction?" *American Journal of Public Health* 64, no. 12 (suppl.) (1974), doi:10.2105/ajph.64.12_suppl.38.

89 Bobby P. Smyth et al., "Lapse and Relapse following Inpatient Treatment of Opiate Dependence," *Irish Medical Journal* 103, no. 6 (June 2010).

90 Wilhelm Hofmann et al., "Everyday Temptations: An Experience Sampling Study on How People Control Their Desires," *PsycEXTRA Dataset* 102, no. 6 (2012), doi:10.1037/e634112013‐146.

91 "我们的典型自我控制模式是一边是天使,另一边是魔鬼,他们会决出胜负……我们倾向于认为意志力很强的人能够有效地参战。事实上，那些真正擅长自我控制的人从来不用打这些仗。"详见 Brian Resnick, "The Myth of Self-Control," *Vox*, November 24, 2016。

92 Wendy Wood and Dennis Rünger, "Psychology of Habit," *Annual Review of Psychology* 67, no. 1 (2016), doi:10.1146/annurev-psych-122414‑033417.

93 "The Biology of Motivation and Habits: Why We Drop the Ball," *Therapist Uncensored*, 20:00, accessed June 8, 2018.

94 Sarah E. Jackson, Rebecca J. Beeken, and Jane Wardle, "Perceived Weight Discrimination and Changes in Weight, Waist Circumference, and Weight Status," *Obesity*, 2014, doi:10.1002/oby.20891.

95 Kelly McGonigal, *The Upside of Stress: Why Stress Is Good for You, and How to Get Good at It* (New York: Avery, 2016), xv.

96 Fran Smith, "How Science Is Unlocking the Secrets of Addiction," *National Geographic*, September 2017.

第 8 章

97 Nikolaas Tinbergen, *The Herring Gull's World* (London: Collins, 1953); "Nikolaas Tinbergen," *New World Encyclopedia*, last modified September 30, 2016.

98 James L. Gould, *Ethology: The Mechanisms and Evolution of Behavior* (New York: Norton, 1982), 36‑41.

99 Steven Witherly, *Why Humans Like Junk Food* (New York: IUniverse, 2007).

100 "Tweaking Tastes and Creating Cravings," *60 Minutes*, November 27, 2011.

101 Steven Witherly, *Why Humans Like Junk Food* (New York: IUniverse, 2007).

102 Michael Moss, *Salt, Sugar, Fat: How the Food Giants Hooked Us* (London: Allen, 2014).

103 这句话最初出现在斯蒂芬·居耶内特的文章中。详见 Stephan Guyenet, "Why Are Some People 'Carboholics'?" July 26, 2017。2018年4月,在与作者通过电子邮件交流后获得使用修改版的许可。

104 James Olds and Peter Milner, "Positive Reinforcement Produced by Electrical Stimulation of Septal Area and Other Regions of Rat Brain," *Journal of Comparative and Physiological Psychology* 47, no. 6 (1954), doi:10.1037/h0058775.

105 多巴胺的重要性是偶然发现的。1954年,麦吉尔大学的两位神经科学家詹姆斯·奥尔兹和彼得·米尔纳决定将电极植入老鼠大脑的深处。电极该放入什么位置在很大程度上是碰运气。当时,人们还没弄清楚头脑的功能分布情况。但是奥尔兹和米尔纳很幸运。他们将针插在伏隔核(NAccs)旁边。伏隔核是大脑中产生愉悦感觉的部分。每当你吃一块巧克力蛋糕,听一首最喜欢的流行歌曲,或者看你最喜欢的球队赢得世界大赛,都是你的伏隔核让你感到如此开心。但是奥尔兹和米尔纳很快发现,过度快乐可能是致命的。他们将电极植入多只老鼠的大脑中,然后向每根导线输送微电流,使伏隔核一直保持兴奋状态。随后他们注意到这些老鼠对一切都失去了兴趣。它们停止了吃喝,也不再求偶。老鼠们蜷缩在笼子的角落，因极乐的感受而呆住了。过了几天，所有的老鼠都死了，它们是渴死的。详见 Jonah Lehrer, *How We Decide* (Boston: Houghton Mifflin Harcourt, 2009)。

106 Qun-Yong Zhou and Richard D. Palmiter, "Dopamine-Deficient Mice Are Severely Hypoactive, Adipsic, and Aphagic," *Cell* 83, no. 7 (1995), doi:10.1016/0092 - 8674(95)90145 - 0。

107 Kent C. Berridge, Isabel L. Venier, and Terry E. Robinson, "Taste Reactivity Analysis of 6-Hydroxydopamine-Induced Aphagia: Implications for Arousal and Anhedonia Hypotheses of Dopamine Function," *Behavioral Neuroscience* 103, no. 1 (1989), doi:10.1037//0735 - 7044.103.1.36。

108 Ross A. Mcdevitt et al., "Serotonergic versus Nonserotonergic Dorsal Raphe Projection Neurons: Differential Participation in Reward Circuitry," *Cell Reports* 8, no. 6 (2014), doi:10.1016/j.celrep.2014.08.037。

109 Natasha Dow Schüll, *Addiction by Design: Machine Gambling in Las Vegas* (Princeton, NJ: Princeton University Press, 2014), 55.

110 我第一次从沙马特·帕里哈皮提亚那里听到多巴胺驱动的反馈回路这个术语。详见 "Chamath Palihapitiya, Founder and CEO Social Capital, on Money as an Instrument of Change," Stanford Graduate School of Business, November 13, 2017。

111 研究人员后来发现内啡肽和阿片类物质与快乐反应有关。详见 V. S. Chakravarthy, Denny Joseph, and Raju S. Bapi, "What Do the Basal Ganglia Do? A Modeling Perspective," *Biological Cybernetics* 103, no. 3 (2010), doi:10.1007/s00422 - 010 - 0401-y。

112 Wolfram Schultz, "Neuronal Reward and Decision Signals: From Theories to Data," *Physiological Reviews* 95, no. 3 (2015), doi:10.1152/physrev.00023.2014, fig. 8; Fran Smith, "How Science Is Unlocking the Secrets of Addiction," *National Geographic*, September 2017.

113 多巴胺迫使你去寻找、探索和采取行动："这种受多巴胺激励、源于腹侧被盖区（VTA）的中脑边缘寻找系统，鼓励搜寻、探索、调查、好奇、兴趣和期望。每当老鼠（或人类）探索其环境时，多巴胺的分泌就会异常旺盛……我看着这种动物，从它们开始四处嗅闻的举动，我可以判明它们的寻找系统被我挑动起来了。"详见 Karin Badt, "Depressed? Your 'SEEKING' System Might Not Be Working: A Conversation with Neuroscientist Jaak Panksepp," Huffington Post, December 6, 2017。

114 Wolfram Schultz, "Multiple Reward Signals in the Brain," *Nature Reviews Neuroscience* 1, no. 3 (2000), doi:10.1038/35044563.

115 肯特·贝里与作者的交谈，2017 年 3 月 8 日。

116 Hackster Staff, "Netflix and Cycle!," Hackster, July 12, 2017.

117 "Cycflix: Exercise Powered Entertainment," Roboro, July 8, 2017.

118 Jeanine Poggi, "Shonda Rhimes Looks Beyond ABC's Nighttime Soaps," *AdAge*, May 16, 2016.

119 Jon E. Roeckelein, *Dictionary of Theories, Laws, and Concepts in Psychology* (Westport, CT: Greenwood Press, 1998), 384.

第 9 章

120 Harold Lundstrom, "Father of 3 Prodigies Says Chess Genius Can Be Taught," *Deseret News*, December 25, 1992.

121 Peter J. Richerson and Robert Boyd, *Not by Genes Alone: How Culture Transformed Human Evolution* (Chicago: University of Chicago Press, 2006).

122 Nicholas A. Christakis and James H. Fowler, "The Spread of Obesity in a Large Social Network over 32 Years," *New England Journal of Medicine* 357, no. 4 (2007), doi:10.1056/nejmsa066082; J. A. Stockman, "The Spread of Obesity in a Large Social Network over 32 Years," *Yearbook of Pediatrics 2009* (2009), doi:10.1016/s0084-3954(08)79134-6.

123 Amy A. Gorin et al., "Randomized Controlled Trial Examining the Ripple Effect of a Nationally Available Weight Management Program on Untreated Spouses," *Obesity* 26, no. 3 (2018), doi:10.1002/oby.22098.

124 Mike Massimino, "Finding the Difference Between 'Improbable' and 'Impossible,'" interview by James Altucher, *The James Altucher Show*, January 2017.

125 Ryan Meldrum, Nicholas Kavish, and Brian Boutwell, "On the Longitudinal Association between Peer and Adolescent Intelligence: Can Our Friends Make Us Smarter?," *PsyArXiv*, February 10, 2018, doi:10.17605/OSF.IO/TVJ9Z.

126 Harold Steere Guetzkow, *Groups, Leadership and Men: Research in Human Relations* (Pittsburgh, PA: Carnegie Press, 1951),

177-190.

127 后续研究显示，如果小组中只有一位演员不同意小组的意见，那么受试者更有可能陈述自己的真实想法，即那些线条长度不同。当你有不同于其他成员的观点时，如果你有一个盟友，你会更容易坚持己见。当你需要对抗社会规范的助力时，找一个伙伴。详见 Solomon E. Asch, "Opinions and Social Pressure," *Scientific American* 193, no. 5 (1955), doi:10.1038/scientificamerican1155-31; William N. Morris and Robert S. Miller, "The Effects of Consensus-Breaking and Consensus-Preempting Partners on Reduction of Conformity," *Journal of Experimental Social Psychology* 11, no. 3 (1975), doi:10.1016/s0022-1031(75)80023-0。将近75%的受试者至少做了一次错误选择。然而，考虑到整个实验中的反应总数，大约三分之二是正确的。不管怎样，结论保持不变：群体压力会显著改变我们准确决策的能力。

128 Lydia V. Luncz, Giulia Sirianni, Roger Mundry, and Christophe Boesch. "Costly culture: differences in nut-cracking efficiency between wild chimpanzee groups." *Animal Behaviour* 137 (2018): 63-73.

第10章

129 我在推特上看到了一个类似的例子，"我们可以扩展这个隐喻。如果社会是人体，那么国家政权就是大脑。人类不知道他们的动机。如果被问及：'你为什么吃东西？'你可能会说'因为食物味道不错'，而不是'因为我需要食物来生存'。一个国家的食物可能是什么？（提示：药丸是食物吗？）"详见 simpolim（@simpolim）,Twitter, May 7, 2018。

130 Antoine Bechara et al., "Insensitivity to Future Consequences following Damage to Human Prefrontal Cortex," *Cognition* 50, no. 1‑3 (1994), doi:10.1016/0010‑0277(94)90018‑3.

131 "When Emotions Make Better Decisions— Antonio Damasio," August 11, 2009.

132 我要感谢我上大学时的力量和健身教练马克·沃茨，他最初和我分享了这种简单的心态转变。

133 RedheadBanshee, "What Is Something Someone Said That Forever Changed Your Way of Thinking," Reddit, October 22, 2014.

134 WingedAdventurer, "Instead of Thinking 'Go Run in the Morning,' Think 'Go Build Endurance and Get Fast.' Make Your Habit a Benefit, Not a Task," Reddit, January 19, 2017.

135 Alison Wood Brooks, "Get Excited: Reappraising Pre-Performance Anxiety as Excitement with Minimal Cues," *PsycEXTRA* Dataset, June 2014, doi:10.1037/e578192014‑321; Caroline Webb, *How to Have a Good Day* (London: Pan Books, 2017), 238. "温迪·贝里·曼德斯和杰里米·贾米森进行了一系列研究，结果均表明：当人们将心跳加快和呼吸急促认定为'有助于表现的资源'时，实际表现会更好。"

136 Ed Latimore (@EdLatimore), "Odd realization: My focus and concentration goes up just by putting my headphones [on] while writing. I don't even have to play any music," Twitter, May 7, 2018.

第11章

137 这个故事出自大卫·贝尔斯和特德·奥兰德的《艺术与恐惧》第29页。2016年10月18日,在与奥兰德的电子邮件对话中,奥兰德解释了故事的来源:"是的,《艺术与恐惧》中提到的'陶瓷的故事'是真的,当然在转述时不免添加了文学加工的成分。原版故事的主角是摄影师杰里·尤尔斯曼,他采用这种手法激励他在佛罗里达大学摄影专业的新生们。我在《艺术与恐惧》中,忠实地还原了杰里告诉过我的场景,只是我把摄影换成了陶瓷制品。诚然,借助于摄影这一艺术媒介讨论这个话题会更容易,但是大卫·贝尔斯(合著者)和我都是摄影师,当时我们有意要扩展书中所涉及的媒介范围。我感觉有趣的是,调用哪种艺术形式作为讨论标的其实并不重要,因为这则故事的寓意似乎存在于全部艺术领域(甚至超出了艺术范围)。"奥兰德后来在同一封电子邮件中说:"我们允许你在即将出版的书中转载任何或所有涉及'陶瓷'的章节。"最后,我决定出版一个改编版本,将他们讲述的陶瓷故事与源自尤尔斯曼的摄影专业学生的原始资料结合起来。详见 David Bayles and Ted Orland, *Art & Fear: Observations on the Perils (and Rewards) of Artmaking* (Santa Cruz, CA: Image Continuum Press, 1993), 29。

138 Voltaire, *La Bégueule. Conte Moral* (1772).

139 1966年泰耶·勒莫发现了长时程增强。更确切地说,他发现,当大脑反复传输一系列信号时,会有一种持续的效应,这种效应会在以后持续下去,使得这些信号在未来更容易被传输。

140 Donald O. Hebb, *The Organization of Behavior: A Neuropsychological*

Theory (New York: Wiley, 1949).

141 S. Hutchinson, "Cerebellar Volume of Musicians," *Cerebral Cortex* 13, no. 9 (2003), doi:10.1093/cercor/13.9.943.

142 A. Verma, "Increased Gray Matter Density in the Parietal Cortex of Mathematicians: A Voxel–Based Morphometry Study," *Yearbook of Neurology and Neurosurgery 2008* (2008), doi:10.1016/s0513‐5117(08)79083‐5.

143 Eleanor A. Maguire et al., "Navigation–Related Structural Change in the Hippocampi of Taxi Drivers," *Proceedings of the National Academy of Sciences* 97, no. 8 (2000), doi:10.1073/pnas.070039597; Katherine Woollett and Eleanor A. Maguire, "Acquiring 'the Knowledge' of London's Layout Drives Structural Brain Changes," *Current Biology* 21, no. 24 (December 2011), doi:10.1016/j.cub.2011.11.018; Eleanor A. Maguire, Katherine Woollett, and Hugo J. Spiers, "London Taxi Drivers and Bus Drivers: A Structural MRI and Neuropsychological Analysis," *Hippocampus* 16, no. 12 (2006), doi:10.1002/hipo.20233.

144 George Henry Lewes, *The Physiology of Common Life* (Leipzig: Tauchnitz, 1860).

145 布莱恩·伊诺在他出色的、创造性地激发灵感的"倾斜战略"卡片集中也说过同样的话，我写这一行时并不知道！这大概就是英雄所见略同吧。

146 Phillippa Lally et al., "How Are Habits Formed: Modelling Habit Formation in the Real World," *European Journal of Social Psychology* 40, no. 6 (2009), doi:10.1002/ejsp.674.

147 赫尔曼·艾宾浩斯在1885年出版的《关于记忆》（*Über das*

Gedächtnis）一书中首次描述了学习曲线。详见 Hermann Ebbinghaus, *Memory: A Contribution to Experimental Psychology* (United States: Scholar Select, 2016)。

第 12 章

148 Jared Diamond, *Guns, Germs, and Steel: The Fates of Human Societies* (New York: Norton, 1997).

149 迪帕克·乔普拉用"最省力法则"来描述他的瑜伽七大精神定律之一。这个概念与我在这里讨论的原则无关。

150 乔希·魏茨金在接受蒂姆·费里斯采访时提到过这个类比，此处有所修改。详见 "The Tim Ferriss Show, Episode 2: Josh Waitzkin," May 2, 2014, audio retrievable。

151 James Surowiecki, "Better All the Time," *New Yorker*, November 10, 2014.

152 因减而加是涵盖更广泛、名为"反转"的原则的一个实例，我之前在 https://Jamesclear.com/inversion 上的一篇文章中曾提到这一点。我要感谢谢恩·帕里什的文章《避免愚蠢比追求聪明更容易》给我的启发，让我开始探讨这个话题。详见 Shane Parrish, "Avoiding Stupidity Is Easier Than Seeking Brilliance," Farnam Street, June 2014。

153 Owain Service et al., "East: Four Simple Ways to Apply Behavioural Insights," Behavioural Insights Team, 2015.

154 依照当事人要求，此处的奥斯瓦尔德·纳科尔斯是化名。

155 Saul_Panzer_NY, "[Question] What One Habit Literally Changed Your Life?" Reddit, June 5, 2017.

第 13 章

156 Twyla Tharp and Mark Reiter, *The Creative Habit: Learn It and Use It for Life: A Practical Guide* (New York: Simon and Schuster, 2006).

157 Wendy Wood, "Habits Across the Lifespan," 2006.

158 Benjamin Gardner, "A Review and Analysis of the Use of 'Habit' in Understanding, Predicting and Influencing Health-Related Behaviour," *Health Psychology Review* 9, no. 3 (2014), doi:10.1080/17437199.2013.876238.

159 向亨利·卡蒂埃-布列松致谢，作为伟大的街头摄影师之一，他创造了"决定性时刻"这个术语，但其目的全然不同：找准时机捕捉震撼人心的图像。

160 Hat tip to David Allen, whose version of the Two-Minute Rule states, "If it takes less than two minutes, then do it now." For more, see David Allen, *Getting Things Done* (New York: Penguin, 2015).

161 作家卡尔·纽波特采用了断电仪式，他在最后一次检查完收件箱，列出第二天的待办事项清单之后，就会说一句"彻底关机"结束一天的工作。详见 Cal Newport, *Deep Work* (Boston: Little, Brown, 2016)。

162 Greg McKeown, *Essentialism: The Disciplined Pursuit of Less* (New York: Crown, 2014), 78.

163 Gail B. Peterson, "A Day of Great Illumination: B. F. Skinner's Discovery of Shaping," *Journal of the Experimental Analysis of Behavior* 82, no. 3 (2004), doi:10.1901/jeab.2004.82-317.

第 14 章

164 Adèle Hugo and Charles E. Wilbour, *Victor Hugo, by a Witness of His Life* (New York: Carleton, 1864).

165 Gharad Bryan, Dean Karlan, and Scott Nelson, "Commitment Devices," *Annual Review of Economics* 2, no. 1 (2010), doi:10.1146/annurev.economics.102308.124324.

166 Peter Ubel, "The Ulysses Strategy," *The New Yorker*, December 11, 2014.

167 "Nir Eyal: Addictive Tech, Killing Bad Habits & Apps for Life Hacking—#260," interview by Dave Asprey, Bulletproof, November 13, 2015.

168 "John H. Patterson—Ringing Up Success with the Incorruptible Cashier," Dayton Innovation Legacy, June 8, 2016.

169 James Clear (@james_clear), "What are one-time actions that pay off again and again in the future?" Twitter, February 11, 2018.

170 Alfred North Whitehead, *Introduction to Mathematics* (Cambridge, UK: Cambridge University Press, 1911), 166.

171 "GWI Social," GlobalWebIndex, 2017, Q3.

第 15 章

172 "Population Size and Growth of Major Cities, 1998 Census," Population Census Organization.

173 Sabiah Askari, *Studies on Karachi: Papers Presented at the Karachi Conference 2013* (Newcastle upon Tyne, UK: Cambridge Scholars,

2015).

174 Atul Gawande, *The Checklist Manifesto: How to Get Things Right* (Gurgaon, India: Penguin Random House, 2014).

175 本节中所有引述均来自2018年5月28日与斯蒂芬·卢比通过电子邮件的对话。

176 Stephen P. Luby et al., "Effect of Handwashing on Child Health: A Randomised Controlled Trial," *Lancet* 366, no. 9481 (2005), doi:10.1016/s0140-6736(05)66912-7.

177 Anna Bowen, Mubina Agboatwalla, Tracy Ayers, Timothy Tobery, Maria Tariq, and Stephen P. Luby. "Sustained improvements in handwashing indicators more than 5 years after a cluster-randomised, community-based trial of handwashing promotion in Karachi, Pakistan," *Tropical Medicine & International Health* 18, no. 3 (2013): 259-267.

178 Mary Bellis, "How We Have Bubble Gum Today," ThoughtCo, October 16, 2017.

179 Jennifer P. Mathews, *Chicle: The Chewing Gum of the Americas, from the Ancient Maya to William Wrigley* (Tucson: University of Arizona Press, 2009), 44-46.

180 "William Wrigley, Jr.," *Encyclopædia Britannica*, https://www.britannica.com/biography/William-Wrigley-Jr, accessed June 8, 2018.

181 Charles Duhigg, *The Power of Habit: Why We Do What We Do in Life and Business* (New York: Random House, 2014), chap. 2.

182 Sparkly_alpaca, "What Are the Coolest Psychology Tricks That You Know or Have Used?" Reddit, November 11, 2016.

183 Ian Mcdougall, Francis H. Brown, and John G. Fleagle, "Stratigraphic Placement and Age of Modern Humans from Kibish, Ethiopia," *Nature* 433, no. 7027 (2005), doi:10.1038/nature03258.

184 一些研究表明，大约 30 万年前，人类大脑的大小达到了现代人的比例。当然，进化从未停止，其构造的形状似乎继续以有意义的方式进化，直到它在 10 万至 3.5 万年前的某个时候达到现代人的尺寸和形状。详见 Simon Neubauer, Jean-Jacques Hublin, and Philipp Gunz, "The Evolution of Modern Human Brain Shape," *Science Advances* 4, no. 1 (2018): eaao5961.DOI:10.1126/sciadv.aao5961。

185 关于这个主题的最初研究使用了"延迟回报社会"和"即时回报社会"的术语。详见 James Woodburn, "Egalitarian Societies," *Man* 17, no. 3 (1982), doi:10.2307/2801707。我第一次听到有关"即时回报环境"和"延迟回报环境"的区别是在马克·利里的一次演讲中。详见 Mark Leary, *Understanding the Mysteries of Human Behavior* (Chantilly, VA: Teaching, 2012)。

186 近几百年来，世界环境的急剧变化远超我们的生物适应能力。平均来说，在人类群体中选择出有意义的基因改变需要大约 2.5 万年。详见 Edward O. Wilson, *Sociobiology* (Cambridge, MA: Belknap Press, 1980), 151。

187 Daniel Gilbert, "Humans Wired to Respond to Short-Term Problems," interview by Neal Conan, *Talk of the Nation*, NPR, July 3, 2006.

188 近年来，关于非理性行为和认知偏见的话题变得相当流行。然而，如果你考虑到那些行为的直接结果，许多看似不合理的行为总的来说都有合理的根源。

189 Frédéric Bastiat and W. B. Hodgson, *What Is Seen and What Is Not Seen: Or Political Economy in One Lesson* (London: Smith, 1859).

190 谨向行为经济学家丹尼尔·戈尔茨坦致意，他曾说："这是当前自我和未来自我之间不平等的战斗。我的意思是，我们还是正视现实吧，当前的自我呈现于当下，是主事的。它此刻掌着权。它有这些强悍无比的手臂，可以举起甜甜圈并把它塞进你的嘴里。而此刻未来的自我甚至连影子都见不到。它远在未来。它很弱。甚至没有代表它发言的律师在场。没有任何人能为未来的自我声辩。所以当前自我可以碾压他的全部梦想。"详见 Daniel Goldstein, "The Battle between Your Present and Future Self," TEDSalon NY2011, November 2011, video retrievable。

191 Walter Mischel, Ebbe B. Ebbesen, and Antonette Raskoff Zeiss, "Cognitive and Attentional Mechanisms in Delay of Gratification," *Journal of Personality and Social Psychology* 21, no. 2 (1972), doi:10.1037/h0032198; W. Mischel, Y. Shoda, and M. Rodriguez, "Delay of Gratification in Children," *Science* 244, no. 4907 (1989), doi:10.1126/science.2658056; Walter Mischel, Yuichi Shoda, and Philip K. Peake, "The Nature of Adolescent Competencies Predicted by Preschool Delay of Gratification," *Journal of Personality and Social Psychology* 54, no. 4 (1988), doi:10.1037//0022‑3514.54.4.687; Yuichi Shoda, Walter Mischel, and Philip K. Peake, "Predicting Adolescent Cognitive and Self-Regulatory Competencies from Preschool Delay of Gratification: Identifying Diagnostic Conditions," *Developmental Psychology* 26, no. 6 (1990), doi:10.1037//0012‑1649.26.6.978.

第 16 章

192 Trent Dyrsmid, email to author, April 1, 2015.

193 Benjamin Franklin and Frank Woodworth Pine, *Autobiography of Benjamin Franklin* (New York: Holt, 1916), 148.

194 感谢我的好友内森·巴里，他最初用"创新每一天"的警句激励我。

195 Benjamin Harkin et al., "Does Monitoring Goal Progress Promote Goal Attainment? A Meta - analysis of the Experimental Evidence," *Psychological Bulletin* 142, no. 2 (2016), doi:10.1037/bul0000025.

196 Miranda Hitti, "Keeping Food Diary Helps Lose Weight," WebMD, July 8, 2008; Kaiser Permanente, "Keeping a Food Diary Doubles Diet Weight Loss, Study Suggests," Science Daily, July 8, 2008; Jack F. Hollis et al., "Weight Loss during the Intensive Intervention Phase of the Weight–Loss Maintenance Trial," *American Journal of Preventive Medicine* 35, no. 2 (2008), doi:10.1016/j.amepre.2008.04.013; Lora E. Burke, Jing Wang, and Mary Ann Sevick, "Self–Monitoring in Weight Loss: A Systematic Review of the Literature," *Journal of the American Dietetic Association* 111, no. 1 (2011), doi:10.1016/j.jada.2010.10.008.

197 这句话是对格雷戈·麦吉沃恩原话的转述，他曾写道："研究表明，在人类动机的所有形式中，最有效的激励形式是可知的进步。"详见 Greg McKeown, *Essentialism: The Disciplined Pursuit of Less* (Currency, 2014)。

198 事实上，研究表明，在培养习惯的过程中即使漏掉一次机会，无论发生于何时，几乎不会对长期养成习惯的可能性造成任何影响。只要你能回到正轨，就没什么问题。详见 Phillippa Lally et al., "How Are Habits Formed: Modelling Habit Formation in the Real World," *European Journal of Social Psychology* 40, no. 6 (2009), doi:10.1002/ejsp.674。

199 "错过一次是意外，错过两次是一种新习惯的开始。"我发誓我在某个地方读到了这句话，或者转述了类似的说法，但我极尽所能也找不到原始出处。也许它是我自己想出来的，但我想最大可能是它属于某位天才。

200 古德哈特定律的这个定义实际上是由英国人类学家玛丽莲·斯特拉森提出的。详见 "'Improving Ratings': Audit in the British University System," *European Review* 5 (1997): 305–321。古德哈特本人在 1975 年前后进一步阐释了这个说法，并于 1981 年正式付诸书面。详见 Charles Goodhart, "Problems of Monetary Management: The U.K. Experience," in Anthony S. Courakis (ed.), *Inflation, Depression, and Economic Policy in the West* (London: Rowman and Littlefield, 1981), 111–146。

第 17 章

201 Roger Fisher, "Preventing Nuclear War," *Bulletin of the Atomic Scientists* 37, no. 3 (1981), doi:10.1080/ 00963402.1981.11458828.

202 Michael Goryl and Michael Cynecki, "Restraint System Usage in the Traffic Population," *Journal of Safety Research* 17, no. 2 (1986), doi:10.1016/0022–4375(86)90107–6.

203 新罕布什尔州是唯一的例外，那里只要求儿童系安全带。详见 "New Hampshire," Governors Highway Safety Association, June

8, 2016。

204 "Seat Belt Use in U.S. Reaches Historic 90 Percent," National Highway Traffic Safety Administration, November 21, 2016.

205 布赖恩·哈里斯与作者进行的电子邮件对话，2017 年 10 月 24 日。

206 Courtney Shea, "Comedian Margaret Cho's Tips for Success: If You're Funny, Don't Do Comedy," *Globe and Mail*, July 1, 2013.

207 Thomas Frank, "How Buffer Forces Me to Wake Up at 5:55 AM Every Day," College Info Geek, July 2, 2014.

第 18 章

208 "Michael Phelps Biography," Biography, last modified March 29, 2018.

209 Doug Gillan, "El Guerrouj: The Greatest of All Time," IAFF, November 15, 2004.

210 迈克尔·菲尔普斯和艾尔·奎罗伊的身高和体重均引自 2008 年夏季奥运会期间的运动员档案。详见 "Michael Phelps," ESPN, 2008; "Hicham El Guerrouj," ESPN, 2008。

211 David Epstein, *The Sports Gene: Inside the Science of Extraordinary Athletic Performance* (St. Louis, MO: Turtleback Books, 2014). See also: "Are atletes really getting faster, better, stronger?" by David Epstein.

212 Alex Hutchinson, "The Incredible Shrinking Marathoner," *Runner's World*, November 12, 2013.

213 Alvin Chang, "Want to Win Olympic Gold? Here's How Tall You

Should Be for Archery, Swimming, and More," *Vox*, August 9, 2016.

214 Gabor Maté , "Dr. Gabor Maté—New Paradigms, Ayahuasca, and Redefining Addiction," *The Tim Ferriss Show*, February 20, 2018.

215 "所有特质都是可遗传的"，这个说法不免有点夸张，但并不为过。当然，明显依赖于家庭或文化环境下的特定行为特征是完全不能遗传的，例如你的母语、信仰的宗教以及属于哪个党派等。但是反映潜在天赋和气质的行为特征是可以遗传的：你的语言表达能力，宗教信仰虔诚与否，以及倾向于自由派还是保守派立场。一般智力是可遗传的，人格变化的五种主要方式，即开放性、自觉性、外向性、亲和性以及神经质，也是可遗传的。出人意料的是，一些具体的特征也是可以遗传的，比如对尼古丁或酒精的依赖、看电视的时间以及离婚的可能性。详见 Thomas J. Bouchard, "Genetic Influence on Human Psychological Traits," *Current Directions in Psychological Science* 13, no. 4 (2004), doi:10.1111/j.0963‐7214.2004.00295.x; Robert Plomin, *Nature and Nurture: An Introduction to Human Behavioral Genetics* (Stamford, CT: Wadsworth, 1996); Robert Plomin, "Why We're Different," *Edge*, June 29, 2016。

216 Daniel Goleman, "Major Personality Study Finds That Traits Are Mostly Inherited," *New York Times*, December 2, 1986.

217 罗伯特·普洛民与作者进行的电话交流，2016年8月9日。

218 Jerome Kagan et al., "Reactivity in Infants: A Cross-National Comparison," *Developmental Psychology* 30, no. 3 (1994), doi:10.1037//0012‐1649.30.3.342; Michael V. Ellis and Erica S. Robbins, "In Celebration of Nature: A Dialogue with Jerome Kagan," *Journal of Counseling and Development* 68, no. 6 (1990),

doi:10.1002/j.1556‑6676.1990.tb01426.x; Brian R. Little, *Me, Myself, and Us: The Science of Personality and the Art of Well-Being* (New York: Public Affairs, 2016); Susan Cain, *Quiet: The Power of Introverts in a World That Can't Stop Talking* (London: Penguin, 2013), 99‑100.

219 W. G. Graziano and R. M. Tobin, "The Cognitive and Motivational Foundations Underlying Agreeableness," in M. D. Robinson, E. Watkins, and E. Harmon–Jones, eds., *Handbook of Cognition and Emotion* (New York: Guilford, 2013), 347‑364.

220 Mitsuhiro Matsuzaki et al., "Oxytocin: A Therapeutic Target for Mental Disorders," *Journal of Physiological Sciences* 62, no. 6 (2012), doi:10.1007/s12576‑012‑0232‑9; Angeliki Theodoridou et al., "Oxytocin and Social Perception: Oxytocin Increases Perceived Facial Trustworthiness and Attractiveness," *Hormones and Behavior* 56, no. 1 (2009), doi:10.1016/j.yhbeh.2009.03.019; Anthony Lane et al., "Oxytocin Increases Willingness to Socially Share One's Emotions," *International Journal of Psychology* 48, no. 4 (2013), doi:10.1080/00207594.2012.677540; Christopher Cardoso et al., "Stress–Induced Negative Mood Moderates the Relation between Oxytocin Administration and Trust: Evidence for the Tend–and–Befriend Response to Stress?" *Psychoneuroendocrinology* 38, no. 11 (2013), doi:10.1016/j.psyneuen.2013.05.006.

221 J. Ormel, A. Bastiaansen, H. Riese, E. H. Bos, M. Servaas, M. Ellenbogen, J. G. Rosmalen, and A. Aleman, "The Biological and Psychological Basis of Neuroticism: Current Status and Future

Directions," *Neuroscience and Biobehavioral Reviews* 37, no. 1 (2013), doi:10.1016/j.neubiorev.2012.09.004. PMID 23068306; R. A. Depue and Y. Fu, "Neurogenetic and Experiential Processes Underlying Major Personality Traits: Implications for Modelling Personality Disorders," *International Review of Psychiatry* 23, no. 3 (2011), doi:10.3109/09540261.2011.599315.

222 "例如，所有人都有对奖励做出反应的大脑系统，但是在不同的个体中，这些系统会对特定的奖励做出不同程度的反应，并且这些系统的平均反应水平可能与某些个性特征相关联。"详见 Colin G. Deyoung, "Personality Neuroscience and the Biology of Traits," *Social and Personality Psychology Compass* 4, no. 12 (2010), doi:10.1111/j.1751‐9004.2010.00327.x。

223 在主要随机临床试验中进行的研究显示，低碳水化合物饮食和低脂肪饮食在减肥方面没有区别。就像许多习惯一样，殊途同归，重在坚持。详见 Christopher D. Gardner et al., "Effect of Low-Fat vs Low-Carbohydrate Diet on 12-Month Weight Loss in Overweight Adults and the Association with Genotype Pattern or Insulin Secretion," *Journal of the American Medical Association* 319, no. 7 (2018), doi:10.1001/jama.2018.0245。

224 M. A. Addicott et al., "A Primer on Foraging and the Explore/Exploit Trade-Off for Psychiatry Research," *Neuropsychopharmacology* 42, no. 10 (2017), doi:10.1038/npp.2017.108.

225 Bharat Mediratta and Julie Bick, "The Google Way: Give Engineers Room," *New York Times*, October 21, 2007.

226 Mihaly Csikszentmihalyi, *Finding Flow: The Psychology of Engagement with Everyday Life* (New York: Basic Books, 2008).

227 Scott Adams, "Career Advice," Dilbert Blog, July 20, 2007.

第19章

228 Steve Martin, *Born Standing Up: A Comic's Life* (Leicester, UK: Charnwood, 2008).

229 Steve Martin, *Born Standing Up: A Comic's Life* (Leicester, UK: Charnwood, 2008), 1.

230 Nicholas Hobbs, "The Psychologist as Administrator," *Journal of Clinical Psychology* 15, no. 3 (1959), doi:10.1002/1097‐4679(195907)15:33.0.co; 2‐4; Gilbert Brim, *Ambition: How We Manage Success and Failure Throughout Our Lives* (Lincoln, NE: IUniverse.com, 2000); Mihaly Csikszentmihalyi, *Finding Flow: The Psychology of Engagement with Everyday Life* (New York: Basic Books, 2008).

231 Robert Yerkes and John Dodson, "The Relation of Strength of Stimulus to Rapidity of Habit Formation," *Journal of Comparative Neurology and Psychology* 18 (1908): 459‐482.

232 Steven Kotler, *The Rise of Superman: Decoding the Science of Ultimate Human Performance* (Boston: New Harvest, 2014). 科特勒在他的书中引用道:"根据米哈里·契克森米哈赖的计算,实际比率是1∶96。"

233 Niccolò Machiavelli, Peter Bondanella, and Mark Musa, *The Portable Machiavelli* (London: Penguin, 2005).

234 C. B. Ferster and B. F. Skinner, "Schedules of Reinforcement," 1957, doi:10.1037/10627‐000. For more, see B. F. Skinner, "A

Case History in Scientific Method," *American Psychologist* 11, no. 5 (1956): 226, doi:10.1037/ h0047662.

235 匹配律表明奖励发生的频率影响行为，详见维基百科"Matching Law"词条。

第 20 章

236 K. Anders Ericsson and Robert Pool, *Peak: Secrets from the New Science of Expertise* (Boston: Mariner Books, 2017), 13.

237 Pat Riley and Byron Laursen, "Temporary Insanity and Other Management Techniques: The Los Angeles Lakers' Coach Tells All," *Los Angeles Times Magazine*, April 19, 1987.

238 麦克马伦在书里声称赖利在 NBA1984—1985 赛季推出 CBE 计划。我查询的结果表明，湖人队当时开始追踪每个球员成绩的统计数据，但此处提及的 CBE 计划是于 1986—1987 年正式启动的。

239 Larry Bird, Earvin Johnson, and Jackie MacMullan, *When the Game Was Ours* (Boston: Houghton Mifflin Harcourt, 2010).

240 Pat Riley and Byron Laursen, "Temporary Insanity and Other Management Techniques: The Los Angeles Lakers' Coach Tells All," *Los Angeles Times Magazine*, April 19, 1987.

241 Cathal Dennehy, "The Simple Life of One of the World's Best Marathoners," *Runner's World*, April 19, 2016; "Eliud Kipchoge: Full Training Log Leading Up to Marathon World Record Attempt," Sweat Elite, 2017.

242 Yuri Suguiyama, "Training Katie Ledecky," American Swimming

Coaches Association, November 30, 2016.

243 Peter Sims, "Innovate Like Chris Rock," *Harvard Business Review*, January 26, 2009.

244 我要感谢克里斯·吉耶博,他在个人网站上分享自己年度总结的举动,促使我开始做自己的年度总结。

245 Paul Graham, "Keep Your Identity Small," February 2009.

结语

246 Desiderius Erasmus and Van Loon Hendrik Willem, *The Praise of Folly* (New York: Black, 1942), 31. 向格雷琴·鲁宾致意。我第一次在她的书《比从前更好》中读到这个寓言,然后追溯了故事的源头。详见 Gretchen Rubin, *Better Than Before* (New York: Hodder, 2016)。

从四大定律中吸取的教训

247 Caed (@caedbudris), "Happiness is the space between desire being fulfilled and a new desire forming," Twitter, November 10, 2017.

248 弗兰克的完整引文如下:"不要瞄准成功。你越瞄准它,把它当靶子,你越会错过它。因为成功,就像幸福一样,是追求不到的,只能尾随而来,只能是一个人献身于一项高于自己的事业的意想不到的副作用,或者是委身于他人的副产品。"详见 Viktor E. Frankl, *Man's Search for Meaning: An Introduction to Logotherapy* (Boston: Beacon Press, 1962)。

249 Friedrich Nietzsche and Oscar Levy, *The Twilight of the Idols*

(Edinburgh: Foulis, 1909).

250 Daniel Kahneman, *Thinking, Fast and Slow* (New York: Farrar, Straus and Giroux, 2015).

251 "如果你想要说服别人,要诉诸利益,而非诉诸理性。"——本杰明·富兰克林

252 这类似于大卫·迈斯特的服务业第五定律:满足 = 知觉 − 期望。

253 Lucius Annaeus Seneca and Anna Lydia Motto, *Moral Epistles* (Chico, CA: Scholars Press, 1985).

254 Aristotle. *The "Art" of Rhetoric* (Trans. J. H. Freese. Cambridge: Harvard UP, 1926).